同频同时全双工关键技术与系统实现

焦秉立 著

北京大学出版社
PEKING UNIVERSITY PRESS

图书在版编目(CIP)数据

同频同时全双工关键技术与系统实现/焦秉立著. —北京: 北京大学出版社，2024.5

ISBN 978-7-301-34643-3

Ⅰ.①同… Ⅱ.①焦… Ⅲ.①无线电通信 – 移动通信 – 通信技术 Ⅳ.①TN929.5

中国国家版本馆 CIP 数据核字（2023）第 217718 号

书 名	同频同时全双工关键技术与系统实现	
	TONGPIN TONGSHI QUANSHUANGGONG GUANJIAN JISHU YU XITONG SHIXIAN	
著作责任者	焦秉立　著	
责 任 编 辑	王　华	
标 准 书 号	ISBN 978-7-301-34643-3	
出 版 发 行	北京大学出版社	
地　　　址	北京市海淀区成府路 205 号　100871	
网　　　址	http://www.pup.cn　新浪微博：@北京大学出版社	
电 子 邮 箱	zpup@pup.cn	
电　　　话	邮购部 010-62752016　发行部 010-62750672	
	编辑部 010-62765014	
印 刷 者	北京中科印刷有限公司	
经 销 者	新华书店	
	880 毫米×1230 毫米　A5　5 印张　130 千字	
	2024 年 5 月第 1 版　2024 年 5 月第 1 次印刷	
定　　　价	49.00 元	

序　言

　　本书是基于作者对无线通信理论和技术的长期研究及对同频同时全双工(Co-frequency Co-time Full Duplex，CCFD)发明的思考而写，希望通过它提升读者对 CCFD 的兴趣，并有助于工程实现。本书从物理概念出发，结合必要的数学公式描述了技术、应用和一些解决方法，同时描述了系统结构和面临的挑战，适合具有无线通信基础知识的研究生和相关领域的工程师阅读。

　　无线通信发展史展示了人类以电磁波为载体扩展其信息传输能力的历程。早期的移动通信系统专注于语音服务，它把人们面对面的对话以惊人的光速(接近 30 万千米每秒的速度)传输至千里之外。随后的发展进一步推广到数据和多媒体通信业务，极大地丰富了通信内容和形式，推动了文明社会的发展。为此，让我们感谢那些伟大的电磁学奠基者、无线通信技术发明者及工程技术人员，感谢大自然赋予的宝贵电磁波频谱资源。

　　基础电磁学研究表明，不同频段电磁波传播经历不同介质的穿透性、绕射和反射特性差异很大。因此，它们适合应用的场景不同。例如：$30 \sim 40$ MHz 频段在等离子层上具有良好的反射特性，它被用于称为"天波"的远程通信，其通信距离可达上万千米；6 GHz 以下频段的电磁波对建筑物有较好的绕射性和穿透性，它适用于蜂窝移动通信系统；2 GHz 以上频段对等离子层具有良好的穿透性能，它适用于卫星通信。

自 1899 年马可尼（Maconi）发明陆地与英吉利海峡上船只的无线通信设备以来，无线通信技术蓬勃发展、层出不穷，它们的工程实现使得当今的无线通信覆盖了地球上几乎所有城市乡村。然而，随着通信业务迅猛发展，各个频段频谱资源呈现出日益匮乏的现象，并已经成为未来发展最主要制约因素之一。

因为无法用开疆扩土的方法获得更多频谱资源，所以提高频谱效率是解决问题的唯一途径。实际上，世界上无线通信研究始终以提高频谱效率为核心，并兼顾技术实现成本。在经历了大量研究和技术不断完善后的今天，值得庆幸的是，传统无线通信系统的双工方法中仍然蕴藏提高频谱效率的宝贵机会。

这里简单回顾一下从单工系统发展为双工系统的过程：早先的对讲机系统在收听对方语音时，不允许听者同时跟对方讲话，这是因为听者讲话发射的信号会阻碍收听对方的语音信号。这里定义，发射信号与接收信号不能在同一时间上完成的双向信息交互系统为单工系统。其本质上，单工系统是为了防止节点发射机对接收机的干扰。其技术手段是利用时间分离发射信号对节点接收机的干扰。

而频分双工（Frequency Division Duplex，FDD）通信系统解决了同时双向通信的问题。为了防止上述发射机对接收机的干扰，它将发射机信号和接收机信号设置在两个不同的频点上。一个频点用于信号发射，另一个用于信号接收。在这种设置下，节点接收机利用滤波器滤除了发射机信号的干扰。

另一种传统方法是时分双工(Time Division Duplex，TDD)通信系统，它把发射机和接收机信号设置在不同的时隙上，在时间上将将它们分离。本质上讲，该方法借用了单工对讲机隔离干扰的方法，其差别在于发射和接收时隙的切换速率足够高，并结合编码的方法，使得用户无法察觉到语音的断续。

值得注意的是，FDD/TDD系统采用频率/时间资源隔离发射机对接收机的干扰，实质上各自占用了两份频率/时间资源用以实现双工服务。

一个新奇的想法是，用消除发射机信号的方法取代上述干扰隔离的方法：把发射机和接收机设置在同一个频点和同一个时隙上，而在接收机处消除发射机的干扰。据此将FDD/TDD的频率/时隙资源合并为一个，而效率提升一倍，这就催生了CCFD。学术上把CCFD通信节点定义为：发射和接收信号在频率和时间重合的通信节点，并把发射机信号称为自干扰(Self-Interference，SI)。如何消除SI是系统获得频谱效率增益最关键的因素。

CCFD可实现的基础是：① 两列传播方向相反的电磁波是透明传输的，它们之间的干扰实际出现在节点接收机上；② SI对CCFD接收机而言是一个已知的干扰，理论上可以完全消除。

CCFD工程实现的挑战在于，SI功率通常远远高于节点接收的通信信号功率(大约大于100 dB)。消除如此强大的SI是十分困难的。正是这个原因，当该技术在提出时，并未引起广泛关注。但是它缓慢地进入3GPP的研究项目。直至2019年R18(3GPP Release 18)中子带全双工标准提案之后，工业界开始致力于它在系统中的实现。

一般而言，利用CCFD取代移动通信FDD/TDD系统面临诸多技术挑战，使得其进一步推进仍然困难重重。根据作者的判断，最早成功应用的CCFD的将是点对点通信系统随后进入它的组网阶段。目前最适合发挥 CCFD 优势的应用环境是民航飞机和卫星通信系统中的空中/空间与地面的双向通信,其中使用高增益天线形成的波束将简化 SI 消除的难度。

本书将围绕 SI 消除/抑制的一般问题展开讨论,并描述各种场景下实现 CCFD 的方法。第一章描述了传统双工系统(FDD 和 TDD)的特点,它显示两种传统系统克服 SI 的方法,并明晰了半双工的概念;第二章简述了关于 CCFD 发明的由来、频谱效率增益问题,以及实现双向通信的困难根源;第三章至第五章描述了 SI 消除方法和简单系统应用;第六章描述组网方法和相关研究;第七章前瞻性地讨论了 CCFD 低轨卫星设计;第八章介绍了在物理层安全中的应用。

本书很多内容基于作者所承担项目的研究成果,为此感谢如下项目的支持:

国家重点研发计划课题"可信自主的全域接入管控技术"(课题编号:2020YFB1807802);

国家重点研发计划课题"宽带可重构基带与系统"(课题编号:2018YFB2202202);

国家自然科学基金重点项目"同频同时全双工新理论和技术研究"(课题编号:6153000075);

国家自然科学基金面上项目"同频同时全双工非平稳随机过程中有限码长理论和应用研究"(课题编号:62171006);

北京市自然科学基金-海淀原始创新联合基金资助项目"基于 5G 全双工 Wi-Fi 系统的医疗情景感知的研究"(课题编号:L172010)。

作者感谢如下为本书长期从事 CCFD 的北京大学同事:马猛、周子健、李斗、段晓辉、王涛等老师,及本实验室学生:李文瑶、王晨博、郑东升、魏来、林立峰、张荣庆、崔宏宇、刘三军、陈颖场、杨玉丽等同学，及长期的合作者 William Y. Clee，Vicent Poor，Russell Hsing 和樊明延。作者还感谢清华大学李云州和扈俊刚在 CCFD 组网工作中的贡献。

　　本书的出版得到国家重点研发计划课题（课题编号：2020YFB1807802）的经费资助，作者在此表示衷心感谢。

焦秉立

2023 年初秋于燕园

英文缩写对照表

英文缩写	英文全称	中文
ADC	Analog-to-Digital Converter	模数转换器
AN	Artificial Noise	人工噪声
AWGN	Additive White Gaussian Noise	加性高斯白噪声
BER	Bit Error Rate	误比特率
BPSK	Binary Phase-Shift Keying	二进制相移键控
BS	Base Station	基站
B2B	Base Station to Base Station	基站对基站
CCFD	Co-frequency Co-time Full Duplex	同频同时全双工
CDMA	Code-Division Multiple Access	码分多址
CF	Cell Free	无小区
CP	Content Provider	内容提供者
CPA	Closest Point of Approach	最近会遇点
CPU	Center Processing Unit	中央处理器
CR	Content Requester	内容请求者
C-RAN	Centralized Radio Access Network	集中化无线接入网
CSI	Channel State Information	信道状态信息

英文缩写	英文全称	中文
CSR	Content Sensing Range	内容感知范围
DAC	Digital-to-Analog Converter	数–模转换器
DF	Decode-and-Forward	解码转发
DI	Duplexing Interference	双工干扰
DL	Downlink	下行
D2D	Device-to-Device	设备到设备
EVM	Error Vector Magnitude	误差矢量幅度
FD	Full Duplex	全双工
FDD	Frequency-Division Duplex	频分双工
FDMA	Frequency-Division Multiple Access	频分多址
FIR	Finite Impulse Response	有限脉冲响应
FM-CW	FM Continuous-Wave	调频连续波
FPRC	File Popularity based Random Caching	基于文件流行度的随机缓存
GEO	Geostationary Earth Orbit	地球静止轨道
GR	Ground Range	地距
HD	Half Duplex	半双工
HEO	Highly Elliptical Orbit	高椭圆轨道
ISI	Inter-Symbol Interference	码间串扰
ISL	Inter Satellite Link	星际链路
LDPC	Low Density Parity Check	低密度奇偶校验
LEO	Low Earth Orbit	低地球轨道
MEO	Medium Earth Orbit	中地球轨道
MIMO	Multiple-Input Multiple-Output	多输入多输出
MS	Mobile Station	移动台
NAFD	Network-Assisted Full Duplex	网络辅助全双工
OFDM	Orthogonal Frequency Division Multiplexing	正交频分复用
OFDMA	Orthogonal Frequency Division Multiple Access	正交频分多址
OSR	Outage Secrecy Region	保密中断区域
PC	Personal Computer	个人计算机

英文缩写	英文全称	中文
PPP	Poisson Point Process	泊松点过程
QPSK	Quadrature Phase-Shift Keying	四相移相键控
RAU	Remote Antenna Unit	远端天线单元
RBW	Resolution Bandwidth	分辨率带宽
SDI	System Duplexing Interference	系统双工干扰
SI	Self-Interference	自干扰
SINR	Signal to Interference Plus Noise Ratio	信干噪比
SR	Slant Range	斜距
SDP	Success Delivery Probability	成功传输概率
SSP	Success Sensing Probability	成功感知概率
TDD	Time-Division Duplex	时分双工
TDMA	Time Division Multiple Access	时分多址
UE	User Equipment	用户设备
UL	Uplink	上行
URC	Uniform Random Caching	均匀随机缓存
VHF	Very High Frequency	甚高频
ZF	Zero Forcing	迫零
3GPP	Third Generation Partnership Project	第三代合作伙伴项目

目　　录

第一章　传统无线通信的双工

在早期无线通信语音服务中,通信双方会出现同时讲话的情况,为此系统需要具有同时的双向信号传输功能。为了区别单工对讲系统,它被称为 FD 通信系统。

传统双工通信系统分为 FDD[1] 和 TDD[2]。需要指出的是,在CCFD 出现之前,双工的概念在通信界被混淆地使用了很多年。原因是,上述两种系统提供的是双工服务,而在物理层占用资源的方式实际属于 HD 系统。为了避免误解,大家把物理层全双工的名称改为 Radio Full Duplex[3]。另外一种更加准确的定义是同频同时全双工,即本书所用的 CCFD 这个术语。

无线通信中 FDD 与 TDD 的思想起源于有线数据通信网络中的频率复用和时间复用。这些技术发展的动机是,在网络基础设施完成后,如何实现多目标/多用户的点对点通信。这里要解决的首要问题是如何避免线路中共同传输的信号之间的相互干扰,它也包括了双向信号传输。

1962 年,Dahlman 在北美申请的一项专利描述了利用频率复用和时分复用方法实现的在大型数据网络中点对点的通信功能。它的系统包括了骨干网线、切换和交换系统,以及区域分布系统。由它们组成点对点的通信系统来满足大量数据终端的需求。1960—1970 年间,美国的数据终端从八千个发展到十五万个。通信系统中的多路数字信号经过模块频率调制器进行频分传输,在此基础上结合时分复用方法实现频率利用率最大化。应该说,虽然这些发明出现于有线网络的应用,但是,它提供了无线通信中 FDD 和 TDD 的技术构想,并在无线通信系统中实现了更为高效和复杂的应用。

1972 年,在 J. Reed 和 J. De Lorenzo 提出的申请中[4],他们将频分复用的方法聚焦于有线电话系统的信号交换和双工应用,在频分多路复用方法中提出了资源分配模型,并将发射频率与接收频率分离。据此出现了清晰的 FDD 双工模型。该系统工作于多个呼叫站和被呼叫站之间,协调通信链路和资源:每个站都被分配一个固定频率用于信号接收。当主叫站呼叫时,其内部的合成器将该站的发射频率调整为被叫站的接收频率,而被叫站在接收到呼叫后,调整其发射频率与主叫站联系。

更清晰的干扰时隙隔离方法见 H. F. Wilder 于 1958 年发表的论文[5],它介绍了将时分方式应用于海底电缆电报系统。E. Berg 于 1970 年申请的专利[6]将该想法用于跨大陆通信网络中,以及美国主要地区的用户之间的高速数据传输。利用时分多路复用,在相对较小的频带宽内提供了至少 4 000 个信道,数据的传输速率可以达到每秒 4 800bit、9 600bit 和 14 400bit,甚至更高。

从上述介绍可知,FDD 和 TDD 想法和实现均来自有线网络数据传输,下面较为详尽地介绍它们在无线通信系统中的应用。

1.1 点对点通信系统

图 1-1 表示了一个点对点 FDD 通信系统,其中节点 A 把发射信号和接收信号分别设置在 f_1 和 f_2 两个不同的频点上,而节点 B 采用相反的频率设置,即:发射信号设置在 f_2 上,而接收信号在 f_1。可以看到,为了实现节点的双向同时通信,每个节点都占用了一个发射机频点和一个接收机频点,其目的是,用两个不同的频点隔离发射机对接收机的干扰。这项技术依赖于滤波器在接收机处的正确使用:一方面,它的通带允许通信信号进入;另一方面,它的阻带极大地抑制了发射机信号的泄露。

实际系统中需要在两个频点之间设置一个保护频带,以减小滤波器带外泄露的干扰(见图 1-1),其中图 1-1(a)表示节点 A 与节点 B 同时发送和接收信号时的频率设置,图 1-1(b)表示具体的频谱设置,即:在两频点之间具有保护频带。由于保护频带不能传输信息,所以在保证通信质量的前提下,我们应尽可能缩小保护频带的带宽。

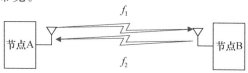

(a) 节点A与节点B同时发送和接收信号

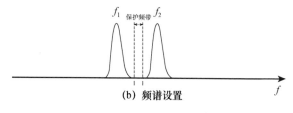

(b) 频谱设置

图 1-1 频分双工通信

把 FDD 实现双工服务的器件定义为双工器（见图 1-2），可以发现它由两个并联的滤波器 1 和 2 组成：节点 A 上发射机信号经过滤波器 1，它的通带是 f_1；其接收机采用滤波器 2，它的通带设置在 f_2 上，而阻带设置在发射机信号频点 f_1 上。滤波器 2 的主要作用是滤除发射信号对接收机的干扰，以便接收高质量的通信信号。通常接收机除了使用模拟滤波器外，还要采用数字滤波器进一步滤除频率为 f_1 的电磁干扰。

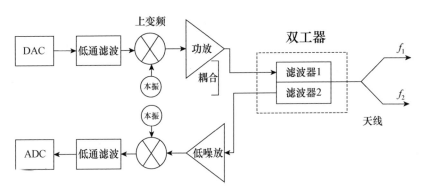

图 1-2　FDD 节点的收发机结构示意图

最后值得注意的是，优质双工器的插入阻抗应该很小，以避免降低接收机的通信灵敏度。

另一种传统双工系统采用 TDD 技术，如图 1-3 所示，其中两个节点工作在同一个频点上 [见图 1-3(a)]，而分配两种不同的时隙给节点 A 和节点 B：一种时隙用于节点 A 发射信号，此时节点 B 接收信号 [见图 1-3(b)]，另一种时隙用于节点 B 发射信号，此时节点 A 接收信号 [图 1-3(c)]，两种时隙交替切换、循环使用，从而实现信号的双向传输。通常，时隙切换速度足够快，再配合信源编码，确保在语音服务质量。

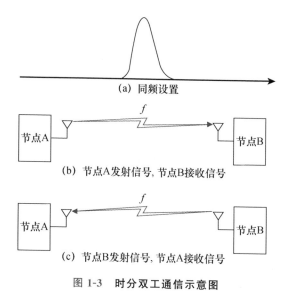

(a) 同频设置

(b) 节点A发射信号，节点B接收信号

(c) 节点B发射信号，节点A接收信号

图 1-3　时分双工通信示意图

　　为防止发射信号的混响对接收时隙的干扰，发射与接收时隙的切换之间需要设置一个信号发射的静默时间。

　　值得注意的是，有些 TDD 传统节点为了减少发射静默时间，采用了如图 1-4 所示的环路器作为双工器，它对一列传播的电磁波具有很高的阻抗特性，而对另一个方向阻抗几乎为零。利用高阻抗特性抑制发射机干扰在一定程度上实现 CCFD 功能，甚至能够实现低功率 CCFD 的通信。但是，由于发射信号对接收机干扰过于强大，多数 TDD 节点仍然需要采用较长的静默时间来取代环路器的使用。

　　需要强调的是，无论 FDD 还是 TDD 均在物理层上分别占用了两份资源（频率/时间资源）以实现双工服务，在 CCFD 出现以后它们被统称为半双工技术。

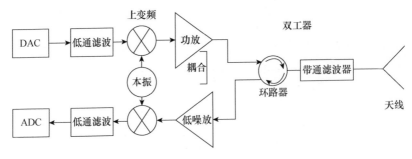

图 1-4　TDD 节点的收发机结构示意图

1.2　蜂窝移动通信系统

20 世纪 70 年代,美国贝尔实验室发明的蜂窝移动通信系统解决了以有限频谱资源覆盖无限大区域通信的问题,其几何模型十分简单明了[7],它以六边形小区为基本形,以数个小区组成的簇构成了频率重复使用的最小单元。其模型中组成一个簇的小区个数为:

$$N = i^2 + ij + j^2 \qquad (1\text{-}1)$$

其中的 N 为一个簇包含小区的个数,也称为频率复用因子,i 和 j 为正整数。

蜂窝小区的精彩之处如下:

(1) 将相同的簇在空间中进行简单无缝拼接即可实现无限的无缝覆盖。

(2) 将所有频率均匀分配给每个小区,则拼接后的同频小区的几何距离相等。

(3) 它利用信号传输的路径损耗,有效降低/隔离了同频小区之间的相互干扰。

6

　　就其本质而言,同频小区在空间的重复出现次数代表了频率的重复使用次数,完美地达到了无限大区域无缝覆盖的要求。

　　然而,蜂窝组网付出的代价是频谱效率的下降:假设系统总共有 M 个可用频点,为了防止小区之间的干扰,每个小区可使用的频点数为

$$K = M/N \qquad (1\text{-}2)$$

其中 K 为每个小区可以使用的频点数。简而言之,一个频率复用因子为 N 的簇系统模型,频谱效率下降为 $1/N$。而使用较大频率复用因子的好处是,降低同频小区之间的干扰。我们利用图 1-5 表示频率复用因子为 4 和 7 的蜂窝小区结构,更加直观地解释上述结论。

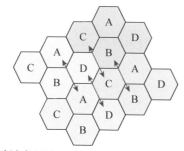

（a）频率复用因子为4（红色箭头所示为同频干扰）

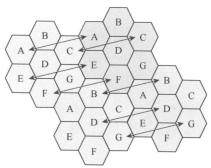

（b）频率复用因子为7（红色箭头所示为同频干扰）

图 1-5　蜂窝小区结构图

在频率复用因子为 4 的情况下[图 1-5(a)]，系统频率分为 4 份，每个小区使用 1/4 个频点。利用 A、B、C、D 表示不同频率的小区，简单展开簇模型可以发现：① 同频小区距离相同，② 同频小区边缘最小距离为六边形的一个边长。

而在频率复用因子为 7 的情况下[图 1-5(b)]，系统频率分为 7 份，每个小区使用 1/7 个频点。利用 A、B、C、D、F、G、E 表示不同频率的小区，簇扩展后可以发现：同频小区最小距离增大。

这里需要指出的是，随后码分多址（Code Division Multiple Access，CDMA）出现，蜂窝移动通信系统普遍采用了同频覆盖，然而小区结构依然存在。系统只是将频率资源换成了码资源，把隔离同频干扰的几何模型用于隔离码之间的干扰，把频率资源的重复使用转变为码资源的重复使用。

时至今日，我们尚没有找到取代蜂窝小区结构的有效方法。为了节约篇幅，这里不再继续讨论蜂窝小区的设计。

现在让我们回到小区通信的双工问题上：每个小区的基站工作在一点对多点通信模式上。在实现双工通信时，基站发往移动终端的信道定义为下行信道，而移动终端发往基站的信道定义为上行信道。系统双工是指上、下行信道同时通信的功能。在基站将资源分配给每个用户之后，它与每个移动终端的通信方式保持了如图 1-1 点对点 FDD 模式。

图 1-6(a)描述了一个 FDD 小区内用户频率分配方式，其多址方式为 FDMA[8][9]。系统首先将小区可使用频点分为两半，一半用于下行信道，一半用于上行信道[见图 1-6(b)]。基站为每一个移动终端选择下行信道频点和上行信道频点中进行配对，以实现基站与移动站之间双向通信。FDD 的优点在于用户频点分配算法和用户信号同步简单，缺点是每个用户（特别是语音窄带

服务)对信道的频率选择性衰落比较敏感,需要采用一些信号分集技术稳定信号的接收功率,以保障通信质量。

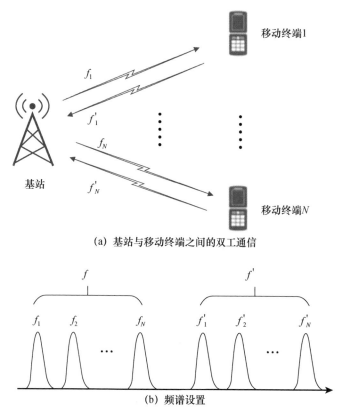

（a）基站与移动终端之间的双工通信

（b）频谱设置

图 1-6　频分双工通信系统示意图

　　另一种传统双工方法是 TDD 系统［见图 1-7（a）］,它将上、下信道的信号分别承载于基站的上、下行时隙上,以时间分离的方式实现基站与移动终端间的双工服务:下行时隙中基站和移动终端分别处于信号发射和接收状态,而上行时隙中基站和移动终端分别处于信号接收和发射状态。TDD 系统的上、下行信道设置在相同频段上［见图 1-7(b)］。在时隙资源分配完成后，基站与移动终端之间的双向通信与如图 1-3 所示点对点 TDD 相同。通常在 TDD 系统中，用户接入方式采用 TDMA 技术[1][2]，它们的上、下行信道必须严格同步，以避免双工之间的干扰。

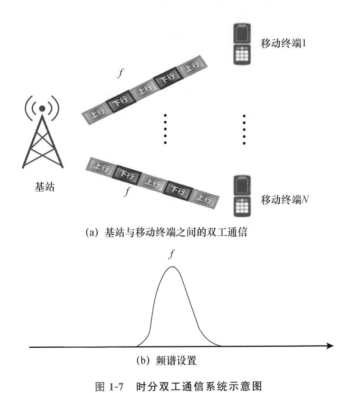

(a) 基站与移动终端之间的双工通信

(b) 频谱设置

图 1-7　时分双工通信系统示意图

相对 FDD 而言，TDD 优势如下：

（1）系统的上、下行信道具有信道互易性，便于采用诸多先进技术。

（2）TDD 上、下时隙可以灵活分配，更容易适应上、下行业务要求，特别是非对称的上、下行业务。

（3）每个用户占用带宽较大，具有一定的频率分集作用，由此保证通信性能比较稳定。

TDD 的缺点如下：

（1）大功率 TDD 基站在不同时隙上的切换瞬间，会导致较大的信号非线性带外泄露，造成系统干扰。因此，在采用多频点 TDD 系统时，需要有较大的保护带宽，此做法可能导致频谱效率的下降。

（2）高功率发射要求时隙之间的静默时间较长，因此它不太适合大功率发射基站，直接导致小区覆盖面积较小。

第二章 点对点 CCFD 通信系统的设置

CCFD 是一种新型无线全双工技术,它将通信节点的发射信号和接收信号设置在同一频率和时隙上[见图 2-1(a)],合并 FDD/TDD 的两个频率/时隙为一个[见图 2-1(b)],从而实现了两倍于 FDD/TDD 的带宽效率,并且消除了 FDD 与 TDD 的差别。

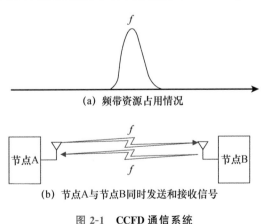

(a) 频带资源占用情况

(b) 节点A与节点B同时发送和接收信号

图 2-1 CCFD 通信系统

它所付出的代价是，其接收机会遭受发射机信号的干扰，即所谓的 SI。理论上讲，SI 对接收机而言是一个已知干扰，利用信号处理技术可以彻底消除它。但是，由于 SI 功率远远高于接收机通信信号功率，所以 SI 消除需要技术突破和精心的系统设计。

2.1　CCFD 技术发明

通信物理层术语 FD 始于 1997 年 Kenworthy 的发明专利[1]，他提出了如图 2-2 所示的结构，其中接收信号和发射信号设置在同一频率和同一时隙上。专利涵盖了射频、数字和天线放置的 SI 消除方法。

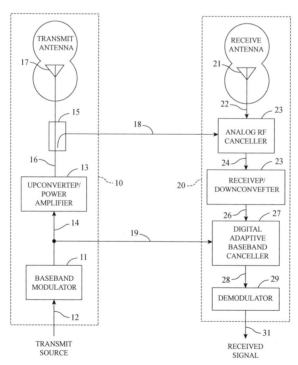

图 2-2　Kenworthy 发明的专利结构

2006 年 9 月,北京大学研究者提出了同频同时双向通信的概念,其专利名称为"一种适用于同频同时隙双工的干扰消除方法",所提出模型如图 2-3 所示。该专利引进了一个信道模拟器和一个 SI 消除单元,SI 的消除是建立在信道模拟器之上的。另外,CCFD 设计在移动通信系统的基站上进行[2],它支持在同一频率和同一时隙上实现双向独立的数据通信。该专利于 2011 年 11 月 9 日获得授权。

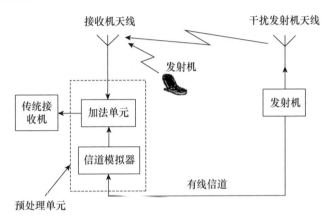

图 2-3 CCFD 通信系统

2006 年 10 月,加拿大滑铁卢大学提出了类似 CCFD 的专利,其主要思想是利用两个接收天线消除 SI,专利名为"Methods for Spatial Multiplexing of Wireless Two-Way Channels",目的是实现 CCFD 通信功能[3]。

而通信界对 CCFD 的广泛兴趣始于斯坦福大学的研究团队 2010 年发表的文章[4],它介绍了基于 IEEE 802.15.4(Zigbee)协议开发的点对点全双工双向通信系统。该研究团队于 2011 年发表的另一篇文章中介绍了采用巴伦模块消除 SI[5] 的情况。此后,关于 CCFD 的研究迅速兴起,并以 SI 消除技术为研究核心。

2.2 点对点 CCFD 设置

图 2-1 表示了一个点对点 CCFD 通信系统,其中通信的两个节点都将发射信号和接收信号设置在同一频率和同一时隙上。这种设置可以将系统的带宽效率提高一倍,而频谱效率的提高需要更高效的 SI 消除。

在此,我们先讨论采用了双天线的 CCFD 节点,并介绍常规的 SI 消除方法。图 2-4 描述了一个 SI 消除方法,其中发射机的信宿是目标接收节点。可以看出信号从天线 T_x 辐射出后会不可避免地泄露到其接收机天线 R_x 上,由此形成了 SI。这里定义联结发射天线至接收天线的信道为自干扰信道,可以发现由于多径反射原因,自干扰信道一般是一个多径信道。

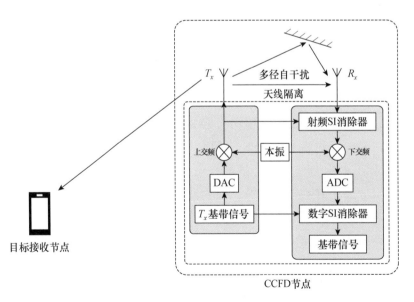

图 2-4 CCFD SI 消除结构

对于 CCFD 接收机而言,它接收的通信信号过于微弱,大约在 $-90\sim-80$ dBm 左右。在巨大的 SI 情况下,系统要求 SI 消除能力达到 120 dB 以上[6],它是 CCFD 获得频谱效率增益的前提。

到目前为止,SI 消除过程由如下三个步骤组成:① 天线隔离;② 射频 SI 消除;③ 数字 SI 消除。其中天线隔离属于被动消除方法,其他两种属于主动消除方法。

2.3 一点对多点 CCFD 的设置

上述点对点 CCFD 模式可以扩展到一点对多点通信系统,它类似局域网基站的一点对多点通信系统。我们只需要把传统基站改为一个 CCFD 节点,而所有移动终端采用 TDD 方式,这种设置将系统带宽效率提高了一倍。

上述通信系统工作流程如图 2-5 所示。在通信过程中,CCFD 基站把上行信道和下行信道分配给两个不同的移动终端,即:移动终端以 TDD 方式分别与基站实施双向通信,例如:基站将信号发送给移动终端 1 的同时,接收来自移动终端 2 的信号。在另一个时隙上,切换移动终端 1 和 2 的上、下行信道,即:基站将信号发送给移动终端 2 的同时,接收来自移动终端 1 的信号。经过上述两个时隙的交换,完成了两个移动终端的双工通信过程,即:完成了移动终端 1 和 2 各自的双工通信过程,以服务多个移动终端。我们将上述两个移动终端称为一个通信配对,则基站利用更多时隙可以实现更多配对的全双工通信过程。在 SI 完全消除的假设下,CCFD 将传统通信系统的频谱效率提升了一倍。值得注意的是,在多用户情况下,系统需要事先完成移动终端的配对,使得每一对移动终端按照上述方式实现双向通信。

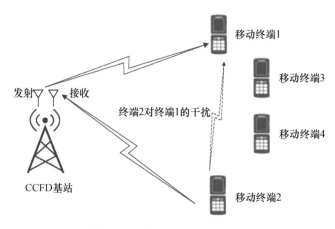

图 2-5　局域网一点对多点 CCFD

这种系统设计的优点在于,把消除 SI 的任务交给基站去完成,即:将 CCFD 带来的复杂信号处理任务交给了具有强大计算功能的基站。而移动终端则保持了传统 TDD 复杂度,这样设置有效地降低了系统整体复杂度和制造成本。

该系统设计的缺点是,系统中存在移动终端之间的干扰(见图 2-5)。例如:当移动终端 2 发射信号时,移动终端 1 处于信号接收状态,因此移动终端 1 可能受到移动终端 2 发射信号的干扰。为了降低这种干扰,系统在配对时,将选择空间距离较远的两个移动终端进行配对,利用信号传播的路径损耗降低它们之间的干扰。

2.4　CCFD 频谱效率增益

在 CCFD 通信中,由于发射机和接收机在频率和时隙的重叠,导致其带宽效率是传统 HD 的 2 倍。将双向通信速率之和定义为通信速率,则 CCFD 频谱效率增益将依据 SI 消除水平而定。

需要指出的是,长期以来有种错误判断,认为 CCFD 的频谱效率也是 HD 的 2 倍。本书将揭示 CCFD 的频谱效率增益通常会大于 2[7]。为说明这一点,让我们首先分析图 2-6 中所示的 CCFD 与 HD 的区别。

在无线通信采用信道编码是保障通信质量的必要措施。在实际应用中,信道码长度是有限的。假设信道码的长度由一个通信时段 T 决定,则 CCFD 在这个时长内传输的比特数大于 HD。图 2-6 (a)与 (b)分别描述了 CCFD 与 FDD 的时频情况:仅分析单向信号传输情况可以发现,即从节点 A 到 B 的信号传输时长为 L,CCFD 的带宽为 D,而 FDD 带宽为 $D/2$,因此前者是后者带宽的 2 倍,前者传输的比特数也是后者的 2 倍。另外,对比图 2-6 (a)与 (c)中 CCFD 与 TDD 单向信号传输可以发现,虽然 CCFD 与 TDD 带宽是相同的,但是前者传输时长是后者的 2 倍。因此,CCFD 传输比特数也为 TDD 的 2 倍。

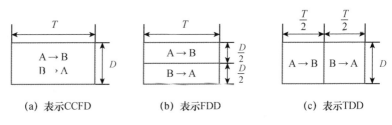

(a) 表示CCFD　　　　　(b) 表示FDD　　　　　(c) 表示TDD

图 2-6　**FDD、TDD 和 CCFD 时频资源**

根据经验可知,在使用相同编码率的情况下,码长越长,可实现的误码率就越低。CCFD 可传输比特数为 HD 的 2 倍,因此可设置的码长也为 2 倍。这样,CCFD 不但实现了 2 倍的传输速率,而且它以 2 倍的码长可以实现更低的误码率。将这个误码率优势折算为频谱效率的增益,即可推知 CCFD 的频谱效率大于 HD 的 2 倍。

利用短码理论可以精准地揭示码长的优势,其定量描述是频谱效率的损失与编码块长的平方根的倒数成正比[8]。下面推导有限码长条件下频谱效率增益大于 2 的结论。

需要注意的是,有限码长频谱效率与香农容量的概念不同,前者是指在给定误码率条件下的传输比特可达速率,而后者是我们悉知的无误传输速率。在 AWGN 信道模型下,这个有限码长最大速率表示为

$$R(n, \in) \approx C - \sqrt{\frac{V}{n}} Q^{-1}(\in) \qquad (2\text{-}1)$$

其中,

$$C = \log\left(1 + \frac{W}{N}\right) \qquad (2\text{-}2)$$

$$V = (\log(\mathrm{e}))^2 \left(1 - \frac{1}{1 + \dfrac{W}{N}}\right)^2 \qquad (2\text{-}3)$$

其中,$R(n, \in)$ 表示有限码长的最大传输速率,n 和 $\in$ 分别表示信道编码的码长和给定的允许误码率。V 表示信道弥散(Channel Dispersion),$Q^{-1}(x)$ 代表高斯 Q 函数的逆函数,W 和 N 分别表示接收信号和噪声功率。

需要指出的是,式(2-1)右边第一项 C 是香农信道容量[9],它表示最大无误传输的速率,C 和 $R(n, \in)$ 的单位都是比特/(秒·赫兹)。当码长趋于无穷大时,式(2-1)中的第二项趋于零,$R(n, \in)$ 退化成香农信道容量。

参照图 2-6,用式(2-1)描述 FDD 和 TDD 的从节点 A 到 B 的最大传输速率为

$$R_{HD}(n, \in) \approx \frac{D}{2} C_{HD} - \frac{D}{2} \sqrt{\frac{V_{HD}}{n}} Q^{-1}(\in) \qquad (2\text{-}4)$$

其中$\dfrac{D}{2}$为占用带宽。

比较而言，CCFD 最大传输速率为

$$R_{FD}(n, \in) \approx DC_{FD} - D\sqrt{\frac{V_{FD}}{2n}}Q^{-1}(\in) \tag{2-5}$$

其中 D 为占用带宽，$2n$ 表示码长。而由于残余自干扰将式（2-2）和（2-3）变为

$$C_{FD} = \log\left(1 + \frac{W}{N + I_S}\right) \tag{2-6}$$

$$V_{FD} = (\log(e))^2\left(1 - \frac{1}{1 + \dfrac{W}{N + I_S}}\right)^2 \tag{2-7}$$

其中 I_S 为残余自干扰功率。

在节点 A 到 B 的通信中，CCFD 的通信优势在于它占用了 2 倍的 HD 的带宽和码长优势［见式（2-5）中的 $2n$］，而其劣势见于式（2-6）和（2-7）中的残余自干扰功率。

同理，上述分析也适用于节点 B 发送信息至节点 A，因此，CCFD 的频谱效率增益为

$$G - \frac{R_{FD}}{R_{HD}} \tag{2-8}$$

其中 G 为 CCFD 的频谱效率增益。

为了定量给出式（2-8）的描述，我们计算了误码率为 $\in = 10^{-3}$ 和 $\dfrac{W}{N} = 10$ dB 条件下的数值解，结果表示在图 2-7 中，其中纵坐标为 CCFD 的增益，横坐标表示残余自干扰的影响。这里用热噪声功率归一化残余自干扰功率，即：I_S/N，再定义 $-10\lg(I_S/N) = \eta$，其中 η 为自干扰消除因子。数值结果表明，n 较小时，CCFD 的频谱效率增益大于 2。值得注意的是，大约在 $\eta > -5$ dB 时 CCFD

的增益大于 1。

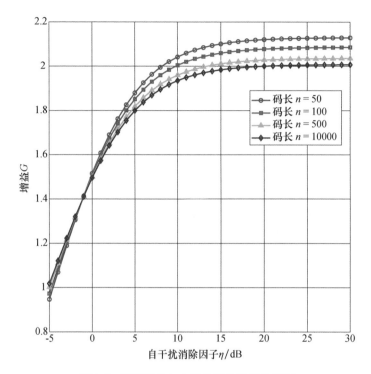

图 2-7　频谱增益与自干扰消除因子关系图

　　此外,我们还研究了 SI 消除因子取不同值的情况下,码长与 CCFD 频谱效率增益的关系,其数值解如图 2-7 所示,其中纵坐标为频谱效率增益 G,横坐标为信道码的码长 n。可以看出, CCFD 频谱效率增益随着码长变长而减小。

　　上面推导的重要结论是,有限码长的 CCFD 频谱效率增益将大于 2。而随着码长增加,该增益趋于 2。这个结论也可以直接从公式(2-1)中看出:当 n 趋于无穷大时, C 占据主导地位,因此频谱效率增益等于 2。

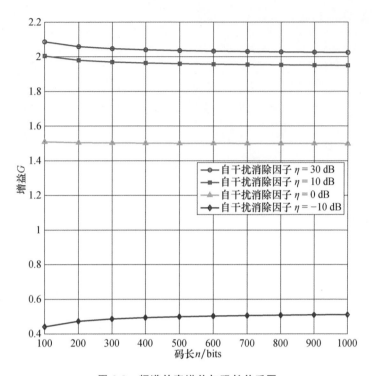

图 2-8　频谱效率增益与码长关系图

2.5　实现 CCFD 困难的根源

如上所述,CCFD 获得频谱效率增益的关键在于,节点接收信号功率与剩余自干扰功率的比值大于一个阈限值。是否能够达到这个阈限值,它取决于接收机的接收通信信号功率与消除前的 SI 功率之比。这个信干比值越小,消除 SI 难度越大;反之,这个比值越大,则越容易消除。

在宽带通信应用场景中,信干比值主要由通信节点之间的距离决定。为了更清晰的表述,我们除去热噪声的影响,并基于两径模型分析如下。

　　假设：节点 A 和 B 为两个相距为 d 的 CCFD 节点，并且它们发射功率相同。按照信号路径损耗规律，参照图 2-9 可知增大节点 A 与节点 B 的距离，将直接带来两个负面效应：一个是，在给定发射功率情况下，节点 A 接收的通信信号功率随距离增加而变弱；另一个是，在给定节点 B 接收灵敏度的情况下，节点 A 需要提高发射功率以保障通信质量，因此它的 SI 也越大。前者使得接收信号功率减小，后者使得 SI 功率增大。这两个因素都使得 CCFD 接收的信干比值变小，也增大了消除 SI 的难度。下面给出定量分析。

　　我们用两径模型计算节点 A 接收到的来自节点 B 的信号功率，如图 2-9(a)所示。假设节点 B 的发射功率为 P_B，则节点 A 接收功率为

$$P_{Ar} = P_{Bt} G_B G_A h_B^2 h_A^2 \frac{1}{d^4} \tag{2-9}$$

其中，d 为通信距离，P_{Bt} 和 P_{Ar} 分别代表节点 B 的发射信号功率和节点 A 的接收信号功率，G_B 和 G_A 分别代表节点 B 和节点 A 的天线增益，h_B 和 h_A 分别代表节点 B 和 A 的天线高度。因为两个节点发射功率相同，即 $P_{Bt} = P_{At}$，将它代入(2-9)估计接收信号功率与 SI 功率比值得到

$$\gamma = \frac{P_{Ar}}{P_{At}} \propto \frac{1}{d^4} \tag{2-10}$$

式中，γ 为接收信号功率与 SI 功率的比值，P_{Ar} 与 P_{At} 分别代表节点接收信号与发射信号功率。

　　式(2-10)表明，信干比值与距离的 4 次方成反比。图 2-9(b)结果表示距离每增大一倍，γ 值减小 12dB。也就是说，对应的自

干扰消除能力需要增加 12dB 以维持系统的通信质量。根据信道互易性可知,上述分析结果也适用于节点 B。

综上所述,CCFD 接收信号功率与 SI 功率之比与通信距离的 4 次方成反比。因此,随着通信距离增大,要求 CCFD 的 SI 消除能力也迅速增大。

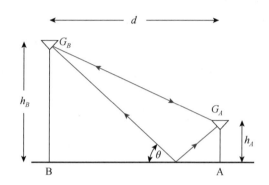

(a) 信号传输模型:A和B分别表示两个CCFD节点的位置

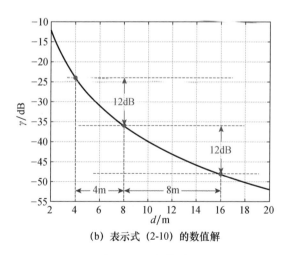

(b) 表示式 (2-10) 的数值解

图 2-9　两径模型

第三章 点对点 CCFD 通信系统自干扰消除

高效的 SI 消除是实现 CCFD 频谱效率增益的最为关键的因素。如上一章所述,经过 SI 消除器输出的残余自干扰决定了频谱效率。一般而言,残余自干扰越小,频谱效率增益越大。在有限码长情况下,CCFD 的频谱效率增益可以大于 2,而在无限码长模型下它的频谱效率增益为 2。

经过长期研究,点对点 CCFD 通信系统 SI 消除的解决方案已经基本成熟:CCFD 通信系统 SI 消除结构如图 2-4 所示,其中两根天线分别是接收天线和发射天线。SI 消除过程由如下三个步骤组成:① 天线隔离,② 射频 SI 消除,③ 数字 SI 消除。

而 CCFD 的另一个重要应用是它的组网,这是一个极具挑战的难题。其原因是 CCFD 组网中的多个 CCFD 节点的发射机信号不仅是本节点的 SI,而且还成为其他节点的干扰。因此,使得 SI 问题变得尤为复杂。为此,我们需要从系统角度重新审视 SI 的定义。

本章仅介绍点对点 CCFD 通信系统中的 SI 消除,而相应的自干扰问题将在第六章讨论。

3.1 数字自干扰消除方法

这里首先介绍数字自干扰消除方法。其原因是,这种方法在理论上可以彻底消除 SI。在图 2-4 的框架下定义 CCFD 发射机信号为 SI,而接收机的目的是接收来自远方的通信信号。由于 SI 的存在,接收机接收到的信号是通信信号与 SI 的混合物,它在基带上表示为

$$y_i^s = \sum_j (h'_{i-j} x'_j + h_{i-j} x_j) + n_i \qquad (3\text{-}1)$$

式中,y_i^s 是混合信号,x'_j 是发射机信号(SI),h'_{i-j} 代表多径自干扰信道响应参数,x_j 和 h_{i-j} 分别表示通信信号和它的多径信道响应参数,n_i 为高斯白噪声信号,i 和 j 分别表示采样序列参数和多径参数。

数字 SI 消除方法的第一步是自干扰信道估计,在得到信道估值以后,接收机利用已知的发射信号 x'_j 重构来自空中接口的 SI,并实现如下的消除

$$y_i = \sum_j \left[(h'_{i-j} - \hat{h}'_{i-j}) x'_j + h_{i-j} x_j \right] + n_i \qquad (3\text{-}2)$$

其中,y_i 表示消除自干扰后的接收信号,$\hat{h}'_{i-j}$ 为多径自干扰信道响应参数的估值。

假设信道估值是精准的,即

$$h'_{i-j} = \hat{h}'_{i-j} \qquad (3\text{-}3)$$

SI 消除后的式(3-2)变为

$$y_i = \sum_j h_{i-j} x_j + n_i \qquad (3\text{-}4)$$

由此实现了理想的信号接收。

上面推导得到一个普遍的结论是，如果自干扰信道估计精准，则点对点 CCFD 可以彻底消除 SI。下面给出得到精准信道估计的方法。

在数字通信系统中，信道估计技术是大多数相干解调之前的必要步骤[1]。本节介绍的精准信道估计方法来源于 CDMA 的启发[2]。在那里，虽然接收机的信噪比低于热噪声 20dB，但是利用扩频的导频序列仍然可以实现准信道估计。

因为 CCFD 的 SI 是一个已知信号序列，所以就可以把它当作 CDMA 中的扩频序列使用，则接收机采用与 CDMA 同样的信道估计方法，可以获得精准的信道估值。特别是在 CCFD 持续发射信号的情况下，作为导频的 SI 信号序列可以近似无限长，因此信道估计值可以无限精准。以下介绍信道估计模型、理论分析及算法[3]。

假设发射信号是一个随机序列，根据统计理论可知如下三个重要性质：

（1）随机序列自相关值正比于序列长度，自相关值的能量值与序列长度的平方成正比。

（2）随机序列时延自相关期望值为零，自相关值的能量值与序列长度成正比。

（3）随机序列与噪声相关值相应的能量值与序列长度成正比。

基于上述分析可知，所估计信道中的有效信噪比随序列长度增加而线性增加。把式（3-1）表达为如下的向量和矩阵形式

$$
\boldsymbol{y} \triangleq
\begin{bmatrix}
y_1 \\
y_2 \\
\vdots \\
y_{N-1} \\
y_N
\end{bmatrix}
=
\begin{bmatrix}
x_1' & 0 & \cdots & 0 & 0 \\
x_2' & x_1' & \cdots & 0 & 0 \\
\vdots & \vdots & \ddots & \vdots & \vdots \\
x_{N-1}' & x_{N-2}' & \cdots & x_{N-J+1}' & x_{N-J}' \\
x_N' & x_{N-1}' & \cdots & x_{N-J+2}' & x_{N-J+1}'
\end{bmatrix}
\begin{bmatrix}
h_1' \\
h_2' \\
\vdots \\
h_{J-1}' \\
h_J'
\end{bmatrix}
$$

$$+\begin{bmatrix} x_1 & 0 & \cdots & 0 & 0 \\ x_2 & x_1 & \cdots & 0 & 0 \\ \vdots & \vdots & \ddots & \vdots & \vdots \\ x_{N-1} & x_{N-2} & \cdots & x_{N-J+1} & x_{N-J} \\ x_N & x_{N-1} & \cdots & x_{N-J+2} & x_{N-J+1} \end{bmatrix}\begin{bmatrix} h_1 \\ h_2 \\ \vdots \\ h_{J-1} \\ h_J \end{bmatrix}+\begin{bmatrix} n_1 \\ n_2 \\ \vdots \\ n_{N-1} \\ n_N \end{bmatrix}$$

$$= \boldsymbol{X}'\boldsymbol{h}' + \boldsymbol{X}\boldsymbol{h} + \boldsymbol{n} \tag{3-5}$$

其中,考虑自干扰信道和通信信道共有 J 条多径。$x=\begin{bmatrix} x_1 & x_2 & \cdots & x_{N-1} & x_N \end{bmatrix}^{\mathrm{T}}$ 表示远程通信信号。从式(3-5)可以发现,远程通信信号以及高斯白噪声的存在会影响自干扰信道估计的精度。

当采用最小二乘法对自干扰信道估计时,多径信道估计值可以通过求解以下问题得到

$$\min_{\hat{\boldsymbol{h}}'} \parallel \boldsymbol{y} - \boldsymbol{X}'\hat{\boldsymbol{h}}' \parallel_F^2 \tag{3-6}$$

其中,$\parallel \cdot \parallel_F^2$ 表示 F-范数(Frobenius Norm)。对上述的信道估计值求一阶导数可得

$$\frac{\partial \parallel \boldsymbol{y} - \boldsymbol{X}'\hat{\boldsymbol{h}}' \parallel_F^2}{\partial \hat{\boldsymbol{h}}'} = \frac{\partial [(\boldsymbol{y} - \boldsymbol{X}'\hat{\boldsymbol{h}}')(\boldsymbol{y} - \boldsymbol{X}'\hat{\boldsymbol{h}}')^H]}{\partial \hat{\boldsymbol{h}}'} = 2\boldsymbol{X}'^H\boldsymbol{X}'\hat{\boldsymbol{h}}' - 2\boldsymbol{X}'^H\boldsymbol{y}$$

$$\tag{3-7}$$

令上述一阶导数等于 0,可得自干扰信道估计值为

$$\hat{\boldsymbol{h}}' = (\boldsymbol{X}'^H\boldsymbol{X}')^{-1}\boldsymbol{X}'^H\boldsymbol{y} = \boldsymbol{h}' + (\boldsymbol{X}'^H\boldsymbol{X}')^{-1}\boldsymbol{X}'^H(\boldsymbol{x} + \boldsymbol{n}) = \boldsymbol{h}' + \tilde{\boldsymbol{I}}$$

$$\tag{3-8}$$

其中,$\tilde{\boldsymbol{I}}$ 为等效干扰项。为方便问题的分析,假设干扰加噪声项 $(\boldsymbol{x}+\boldsymbol{n})$ 中的每个元素,都服从相互独立、零均值和方差 σ^2 的高斯分布。计算信道估计误差的方差为

$$\sigma_E^2 = \frac{1}{N}\sum_{n=1}^{N} \mathbb{E}\{|\tilde{\boldsymbol{I}}_n|^2\} = \sigma^2 \mathrm{Tr}\{(\boldsymbol{X}^H\boldsymbol{X})^{-1}\} \tag{3-9}$$

其中，$\mathrm{Tr}\{\,\cdot\,\}$ 表示矩阵的迹。可以发现，随着序列长度 N 的增加，式（3-9）中的 $\mathrm{Tr}\{(\boldsymbol{X}^H\boldsymbol{X})^{-1}\}$ 项随之减小。它表示导频序列长度的增加导致自干扰接收能量增加，而信道估计误差变小。

为了清晰表示上述论证，我们以单径自干扰信道为例，把式（3-5）简化为

$$
\boldsymbol{y} \triangleq
\begin{bmatrix} y_1 \\ y_2 \\ \vdots \\ y_{N-1} \\ y_N \end{bmatrix}
= h_1'
\begin{bmatrix} x_1' \\ x_2' \\ \vdots \\ x_{N-1}' \\ x_N' \end{bmatrix}
+ h_1
\begin{bmatrix} x_1 \\ x_2 \\ \vdots \\ x_{N-1} \\ x_N \end{bmatrix}
+
\begin{bmatrix} n_1 \\ n_2 \\ \vdots \\ n_{N-1} \\ n_N \end{bmatrix}
\tag{3-10}
$$

单径自干扰信道响应参数 h_1' 的估值为

$$
\widehat{h_1'} = \frac{\displaystyle\sum_{i=1}^{N}(x_i')\times y_i}{\displaystyle\sum_{i=1}^{N}(x_i')\times x_i'} = h_1' + \frac{\displaystyle\sum_{i=1}^{N}(x_i+n_i)\times y_i}{NE_x} \triangleq h_1' + \Delta h
$$

$$
\tag{3-11}
$$

其中，E_x 为自干扰数字基带符号能量。从式（3-11）中可以发现，随着符号序列长度 N 增加，估计误差 Δh 的方差减小。当 N 趋于无穷大时，Δh 趋于 0，可实现完美的单径自干扰信道估计。若自干扰信道为多径信道，我们可以得到同样的结论。

为了证明方法的有效性，我们将上述单径自干扰信道估计值代入式（3-2）右边第一项，得到了残余自干扰。图 3-1 表示仿真结果，仿真中设置为 SI 功率比远程通信信号功率高 10 dB，远程通信信号功率比噪声功率高 20 dB，多径信道数为 $J=20$。可以看出，残余自干扰功率随序列长度的增加而降低。并且当序列长度大于 2000 时，残余自干扰可被抑制到热噪声以下。

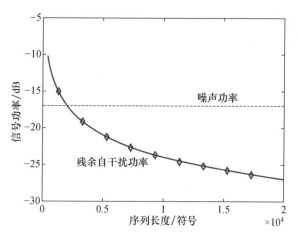

图 3-1　残余自干扰功率随序列长度变化

3.2　多径自干扰信道的预均衡方法

本节将介绍了一种将多径自干扰信道转化为单径自干扰信道的方法,它可以极大地简化接收机多径自干扰信道消除的复杂度。该方法基于传统预均衡的思路,而将多径信号均衡为单径信号,以消除接收机的 ISI[4]。这里是用它把多径自干扰向单径自干扰转化,使得自干扰消除尤为简单。下面首先介绍这个预均衡方法。

如图 3-2 所示,考虑最简单的 CCFD 系统模型,其中发射机采用 CCFD 模式,发射信号为 $x(m)$,在它的前面设置一个预均衡滤波器 $f(n)$。假设自干扰信道为一个多径信道,则可以用一个滤波器 $C(n)$ 表示自干扰信道响应。在上述情况下,CCFD 接收机接收信号为

$$y(m) = x(m) \times f(n) \times c(n) \tag{3-12}$$

其中,$y(m)$ 为接收信号。

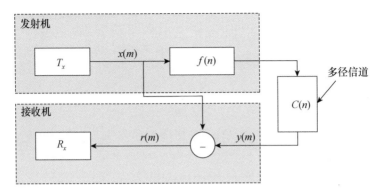

图 3-2　多径自干扰信道的预均衡方法

接收信号在频域上可以表示为:

$$Y(\omega) = X(\omega)F(\omega)C(\omega) \tag{3-13}$$

其中,$Y(\omega)$,$X(\omega)$,$F(\omega)$ 和 $C(\omega)$ 分别表示 $y(m)$,$x(m)$,$f(n)$ 和 $c(n)$ 的傅里叶变换结果,ω 表示角频率。为消除多径的影响,预均衡滤波器应构成多径自干扰信道的逆滤波器。利用式(3-13)求出预均衡频域解为

$$F(\omega) = \frac{1}{C(\omega)} \tag{3-14}$$

将式(3-14)中 $F(\omega)$ 变换到时域得到

$$f(n) = \mathrm{FFT}\{F(\omega)\} \tag{3-15}$$

在实际应用中,式(3-14)中 $C(\omega)$ 可以根据信道估计得到。在预均衡为自适应滤波器的情况下,该方法无须进行信道估计也可将多径自干扰变为单径自干扰。

仿真设置预均衡滤波器和信道滤波器阶数均为 24 阶,信道模型采用三径信道,每径自干扰信道符合瑞利分布,发射信号为随机 BPSK 信号。图 3-3 所示在信噪比为 5dB 的条件下,预均衡滤波器的作用,即发射信号与接收信号波形在时域上的比较。可

31

以看出代表发射信号的蓝色曲线与经过预均衡方法消除多径信道自干扰得到的接收信号曲线基本一致。

我们用

$$SI = \frac{\sum |x(m) - y(m)|^2}{|x(m)|^2} \qquad (3\text{-}16)$$

表示残余自干扰,可以看出图 3-3 中的残余自干扰近似为零。

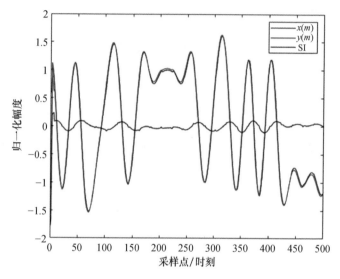

图 3-3   预均衡消除多径信道自干扰效果

进一步分析表明,随着预均衡器阶数的增加,则预均衡方法的效果趋于理想,图 3-4 给出了消除后的残余自干扰与预均衡器阶数的关系。

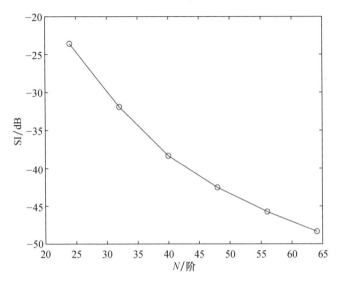

图 3-4　残余自干扰随着预均衡滤波器的阶数变化图

3.3　射频自干扰消除方法

数字信号处理方法原则上可以完全消除 SI。但是,由于 SI 功率远远高于接收机通信信号功率以及 A/D(模/数)转换器的位数限制,在把模拟信号转换成数字信号时,有用的通信信号将湮灭在采样的量化噪声中。为了降低 SI 功率与有用的通信信号功率差别,CCFD 系统需要设置一个射频自干扰消除器,其基本原理是在 CCFD 节点内部制造一个与 SI 幅值相等、相位相反的射频信号,用于抵消来自空中接口的 SI。这里定义上述构造的射频信号为射频重构信号。

为了便于理解,我们以单径射频自干扰消除为例,描述 SI 消除过程。随后推广到多径自干扰消除。

图 3-5 描述了一个全数字控制的射频自干扰消除系统。它由一个数字相位和幅值调制器、分数阶数字时延器、混频器和射频加法器组成,各模块原理介绍如下。

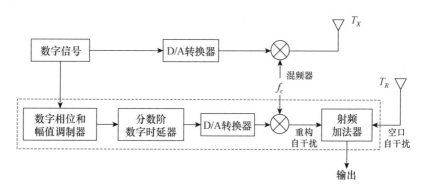

图 3-5 全数字控制射频自干扰消除系统

通常,CCFD 节点把预发射的数字信号分为两路:一路经过 D/A 转换器和混频器经天线发射,另一路送到全数字控制射频自干扰消除器。为了得到与 SI 幅值相等、相位相反的射频重构信号,我们利用数字信号的 I 和 Q 两路调制其相位和幅值,其中相位调制算法如下

$$\alpha = \text{tg}^{-1}(A_Q/A_I) \tag{3-17}$$

其中,α 表示调制的相位,A_Q 和 A_I 分别是 Q 路和 I 路信号幅值。

在相位调制基础上进行的幅值调制算法如下

$$A = \rho\sqrt{A_Q^2 + A_I^2} \tag{3-18}$$

其中,A 为输出幅值,ρ 是一个调整幅度的乘法因子。上述两步运算完成了数字信号相位和幅值的调制任务。将上述两路数字信号混频形成了完整的射频重构信号。

然而,为了实现理想的 SI 消除效果,我们还需要采用分数阶时延方法,把射频消除信号与来自空中接口的 SI 在时间上精准对齐。

在介绍数字时延器算法之前,我们需要先明确时间对齐这一概念。它是指将射频消除信号中每一个信息符号与 SI 中的每一个信息符号对齐。假设发射信号采用的信息符号为 BPSK,我们用图 3-6(a)表示了射频重构信号与空中接口 SI 之间存在时间偏差的情况。图 3-6(b)表示由于时间偏差导致的残余自干扰。可以直观地看出,时间偏差越大,残余自干扰也越大。

为此,我们利用仿真得到了相对残余自干扰功率与时间对齐精度的关系,如图 3-7 所示,其中横坐标表示时间对齐精度 β,它定义为 $\beta = \left(1 - \dfrac{\Delta T}{T}\right) \times 100\%$,这里 ΔT 是时间偏差,T 是符号持续时间;相对残余自干扰功率定义为 $\Gamma = \Delta P / P$,其中 ΔP 是残余自干扰功率,P 是自干扰功率。仿真结果表明:随着时间对齐精度变小,相对残余自干扰功率增大。

值得注意的是,SI 功率远远大于 CCFD 接收的通信信号功率,即使出现较小的时间偏差,也会导致难以忍受的残余自干扰。例如:当 $\Delta T / T = 1/8$ 时,与 $\Delta T / T = 0$ 对比相对残余自干扰功率增加 5.757 dB。而接收通信信号功率远远低于自干扰功率(接收功率大约在 -80 dBm 左右)。因此,这样的残余自干扰是无法忍受的。

通常射频自干扰消除方法需要对齐的时延可以分为一个整数阶时延与分数阶时延,前者是系统时钟周期的整数倍时延,后者是这个周期的分数时延。整数阶时延很容易实现,其硬件算法也很简单。但是,系统时钟周期往往会限制时延精度。例如:支持 100MB 带宽的系统中可实现最小整数阶时延为 $\Delta t = 10$ ns,其缺点是时延值精度受限于 10 ns。整数阶时延可以通过累积这些等间隔时延实现。例如:时延为 0 ns,10 ns,20 ns,$\cdots$,或者写为 $\tau_n = 10n$ ns 的时延值,其中 $n = 0,1,2,3,\cdots$。

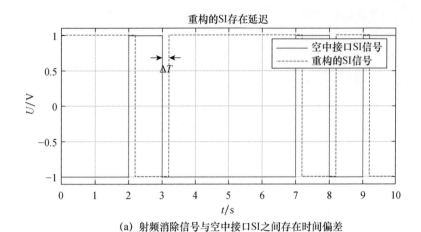

(a) 射频消除信号与空中接口SI之间存在时间偏差

(b) 由于时间偏差导致的残余自干扰

图 3-6　时间偏差及其对自干扰消除的影响

　　而分数阶时延算法可以支持连续地调节时延[5]，该方法是通过调节数字信号波形得到时延，再经过 D/A 转换变为相应的模拟信号，最后经过混频器调制为精准对齐的射频重构信号。分数阶时延器介绍如下。

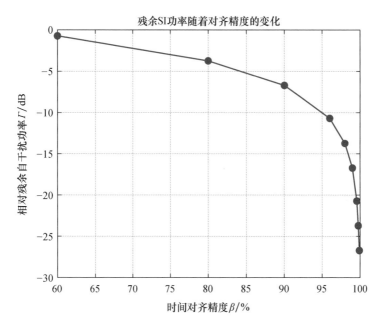

图 3-7　相对残余自干扰功率与时间对齐精度曲线

首先将时延分解为整数阶时延和分数阶时延两部分

$$D = k\tau + p\tau \qquad (3\text{-}19)$$

其中，k 为整数，τ 是时钟周期（即：系统中数字信号的采样时间间隔），$k\tau$ 称为整数阶时延，$p \in (0,1)$ 是一个分数，$p\tau$ 称为分数阶时延。

在式(3-19)所表示的时延中，$k\tau$ 可以利用系统时钟进行调整，而 $p\tau$ 是一个连续可调的分数阶时延用于更加精确的时间对齐。

理想的 $p\tau$ 在数学上表示为一个滤波器频域传递函数

$$H_{id}(\omega, p) = \mathrm{e}^{-\mathrm{j}\omega p} \qquad (3\text{-}20)$$

其中，$\omega = 2\pi f\tau$ 代表归一化的数字角频率，f 为频率，对于单边带宽,有 $\omega \in (0,\pi)$。

在算法中采用截断的傅里叶展开来拟合此理想传递函数,它表示为

$$H_{ap}(\omega,p) = \sum_{n=0}^{N} h_n(p)\mathrm{e}^{-\mathrm{j}\omega n}, \ n=0,1,2,\cdots,N \quad (3\text{-}21)$$

其中,$h_n(p)$ 为滤波器的第 n 个系数,N 是滤波器的阶数。

式(3-21)中的展开系数 $h_n(p)$,$n=0,1,2,\cdots,N$ 由以下公式得到

$$\min[e(p)] = \min\left\{\int_{0}^{\alpha\pi} |H_{ap}(\omega,p) - H_{id}(\omega,p)|^2 \mathrm{d}\omega\right\}$$
$$(3\text{-}22)$$

其中,$\min[\cdot]$ 为取最小值算符,$e(p) = \int_{0}^{\alpha\pi} |H_{ap}(\omega,p) - H_{id}(\omega,p)|^2 \mathrm{d}\omega$ 代表延迟时间为 $p\tau$ 时的残余 SI 功率,$\alpha\pi$ 代表信号的频谱范围,其中 $0 < \alpha < 1$。

进一步求解方法如下:这里把每个子滤波器都看成是 N 阶的 FIR 滤波器结构,所以共有 $M+1$ 个子滤波器,这些滤波器系数构成一个 $M+1$ 行,$N+1$ 列的矩阵

$$A = \begin{bmatrix} a_{00} & a_{01} & \cdots & a_{0N} \\ a_{10} & a_{11} & \cdots & a_{1N} \\ \vdots & \vdots & \vdots & \vdots \\ a_{M0} & a_{M1} & \cdots & a_{MN} \end{bmatrix} \quad (3\text{-}23)$$

其中,元素 a_{mn} 代表第 m 个子滤波器的第 n 个抽头系数。每个子滤波器的输出结果分别乘以 p 的 0 到 M 次方,然后进行求和(称为乘加结构)就构成分数阶时延器的输出结果。

采用 $\boldsymbol{p} = [1,p,p^2,\cdots,p^M]^{\mathrm{T}}$,$\boldsymbol{c} = [1,\mathrm{e}^{-\mathrm{j}\omega},\mathrm{e}^{-\mathrm{j}2\omega},\cdots,\mathrm{e}^{-\mathrm{j}N\omega}]^{\mathrm{T}}$,我们将 $H_{ap}(\omega,p)$ 写成矩阵 $\boldsymbol{A}$ 的表达式,即

$$H_{ap}(\omega,p) = \boldsymbol{p}^{\mathrm{T}}\boldsymbol{A}\boldsymbol{c}, \qquad (3\text{-}24)$$

其中矩阵右上角加 T 代表转置操作。由此构造关于 $\boldsymbol{A}$ 变化的代价函数

$$J(\boldsymbol{A}) = \int_{0}^{1} e(p)\,\mathrm{d}p = \int_{0}^{1}\int_{0}^{a\pi} |H_{ap}(\omega,p) - H_{id}(\omega,p)|^{2}\,\mathrm{d}\omega\,\mathrm{d}p$$

$$(3\text{-}25)$$

欲使 $e(p)$ 最小,则需要 $J(\boldsymbol{A})$ 最小,通过令 $\dfrac{\partial J(\boldsymbol{A})}{\boldsymbol{A}} = 0$ 求得 $\boldsymbol{A}$ 的结果为

$$\boldsymbol{A} = (\boldsymbol{Q}^{-1}\boldsymbol{S}^{\mathrm{T}}\boldsymbol{R}^{-1})^{\mathrm{T}} \qquad (3\text{-}26)$$

其中, $\quad \boldsymbol{Q} = \mathrm{Re}\left[\displaystyle\int_{0}^{a\pi} \boldsymbol{c}\boldsymbol{c}^{\mathrm{T}}\,\mathrm{d}\omega\right], \quad \boldsymbol{S} = \displaystyle\int_{0}^{1} \boldsymbol{p}\boldsymbol{c}_{p}^{\mathrm{T}}\,\mathrm{d}p, \quad \boldsymbol{R} = \displaystyle\int_{0}^{1} \boldsymbol{p}\boldsymbol{p}^{\mathrm{T}}\,\mathrm{d}p, \quad \boldsymbol{c}_{p}^{\mathrm{T}} =$

$\mathrm{Re}\left[\displaystyle\int_{0}^{a\pi} \boldsymbol{c}^{\mathrm{T}}\mathrm{e}^{\mathrm{j}\omega p}\,\mathrm{d}\omega\right]$, $\mathrm{Re}[\ ]$ 为取实部算符。

将式(3-26)的解代入如图 3-8 所示法罗滤波器就实现了数字波形的分数阶时延。

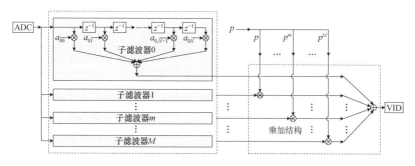

图 3-8　法罗滤波器结构

采用分数阶时延方法的优点在于它可以精确地将射频重构信号与来自空中接口 SI 信号在时间上对齐。早期分数阶时延方

法用于 CCFD 数字自干扰消除的文章见参考文献[6],其中分数阶时延用于数字域 SI 消除。

然而分数阶时延对齐具有一个明显的缺点,这就是给重构的信号带来波形畸变,因此,在时延精确对齐的情况,由于波形差异,仍然产生了残余自干扰。这方面的改进见参考文献[7]报道,其中提及了处理分数阶时延引起时延信号波形畸变的原因,并分析其波形畸变对残余自干扰的影响。但是文章提出了一种减小信号波形畸变的新方法,它把数学上求极小值的代价函数变为描述信号波形畸变的函数,并取得了明显的改善。该方法使得残余自干扰进一步下降了大约 5 dB。

此外,在使用法罗滤波器时,信号序列输出的"头"和"尾"也会出现较大的非规则信号模型畸变,参考文献[8]提出了解决方法,不但减小了滤波器长度,而且彻底消除信号"头"和"尾"的畸变问题。

我们再介绍多径自干扰射频消除方法。早期的多径自干扰射频消除采用多个固定时延抽头取代径单抽头的射频接收,它利用每个抽头不同的时延对准来自空中接口的多径自干扰。该方法等同于事先设置了一个 FIR 滤波器,其中每个抽头由固定延迟线、可调谐衰减器和可调谐移相器组成[9][10]。其优点是,在一定程度上消除了多径自干扰,缺点是固定时延往往无法精确对齐来自空中接口的多径自干扰的各个分量。另外,在优化衰减器和移相器计算中遇到了非确定性多项式(Nondeterministic Polynominal,NP)难题。为此,作者团队提出了一种最佳的射频域多抽头干扰消除设计[11],它综合考虑硬件设计和自适应权值调整两个关键问题,并建立多维优化模型,提供了一种迭代次数少、计算复杂度低,并且能够收敛到全局最优的解决方案。

本书中,作者提供了一种更优的多径信道中的射频自干扰消除方法,其原理如图 3-9 所示,其中数字滤波器的每一个抽头代表了一个整数阶时延。在两个整数阶时延之间的分数阶时延可以利用上述方法解决,而不同整数阶时延分别采用上述方法实现。

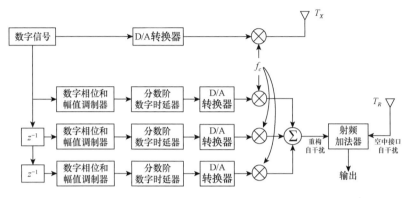

图 3-9　多径信道中的射频自干扰消除方法的原理

需要强调的是,大多数射频自干扰消除器采用自适应算法计算幅值、相位和时延调整参数。这些自适应算法的代价函数均采用射频自干扰消除器的残余自干扰功率,并以寻求最小化残余自干扰功率为目标,不断优化构造的射频重构信号的幅值、相位和时延调整参数以达到最佳消除目的。

3.4　天线自干扰隔离/抑制方法

天线是无线通信系统中发射和接收电磁波的器件,它的功能是将导行波与自由空间波相互转换:在发射机处将射频导行波变换为辐射的自由空间波,而在接收机处将辐射的自由空间波转换成射频导行波。

这里,首先介绍鞭式天线电磁辐射在自由空间传播衰减的规律,然后描述几种 CCFD 天线设计方法。

正如我们熟知,经典计算电磁学精确地描述了天线电磁波辐射场。我们借助在球坐标下赫兹偶极子模型(见图 3-10)讲述天线设计原则。

假设,发射天线是一个平行于 z 轴的偶极子,它的电流震动平行于 z 轴。则在自由空间中的辐射电场震动方向平行于 $\vec{e}_\theta$,磁感应强度平行于 $\vec{e}_\varphi$, $\vec{e}_\theta$ 和 $\vec{e}_\varphi$ 分别表示 θ 角和 φ 角的切向基矢量辐射方向沿球坐标径向。辐射电磁波的特点是,它的电场与磁场振动方向相互垂直,而电场与磁场向量构成的平面与传播方向垂直。

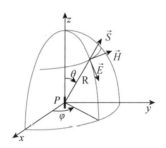

图 3-10　电偶极子模型

上述天线电磁波辐射场在自由空间中传播由如下两式描述:

$$\vec{E} \approx \frac{j\beta Il}{8\pi R}\sin\theta\vec{e}_\theta \tag{3-27}$$

$$\vec{H} \approx \frac{j\beta Il}{8\pi R}\eta_o\sin\theta\vec{e}_\varphi \tag{3-28}$$

其中, $\vec{E}$ 和 $\vec{H}$ 分别代表电场和磁场强度, $j = \sqrt{-1}$, I 表示天线上电流强度, l 表示偶极子长度, $\beta = 2\pi/\lambda$, λ 代表波长, $\eta_0 = 377\Omega$ 代表阻抗,辐射能流密度为

$$\langle\vec{S}\rangle = \langle\vec{E}\times\vec{H}\rangle = \frac{\beta^2 I^2 l^2}{128\pi^2 d^2}\eta\sin\theta\vec{e}_r \tag{3-29}$$

其中，$\langle \cdot \rangle$ 表示取时间上的平均值，$\vec{S}$ 是能流密度，这个公式给出了远场电磁波路径规律，即：辐射能流密度与距离的平方成反比。

为了给出直观的表述，我们将式(3-29)的数值解绘制于图 3-11 中，其中纵坐标表示能流密度，横坐标表示距离。观察数值结果可以发现，当距离增大一倍，能流密度下降 6 dB。

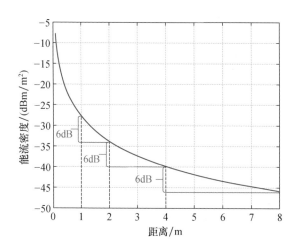

图 3-11　辐射能流密度的路径衰减

鞭式天线辐射能流极大方向垂直于偶极子方向，沿偶极子两极方向的辐射能流密度数值为零。通常我们用天线辐射增益描述能流的方向特性。图 3-12 给出了辐射能流密度/辐射增益的方向图。

将上述偶极子天线作为 CCFD 的发射天线，有如下四种抑制 SI 的接收天线布放方法：① 利用路径损耗，② 利用传输方向增益特性，③ 利用极化正交效应，④ 利用多天线消除效应。下面简单地逐一介绍这些方法的基本原理。

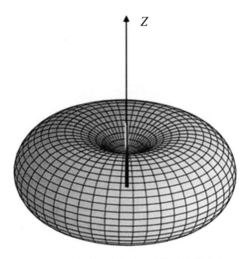

图 3-12　辐射能流密度/辐射增益的方向

（1）利用路径损耗

根据辐射能流密度与距离的损耗关系,CCFD 节点尽可能将发射天线远离接收天线,即:尽可能拉大发射天线与接收天线的距离。该方法适用于移动通信系统基站,对于抑制 SI 具有明显的作用。然而,由于移动通信终端几何尺度的限制,该方法的 SI 隔离效果有限。

（2）利用传输方向增益特性

如图 3-12 所示的辐射方向图,CCFD 节点通常将发射和接收偶极子天线放在一条直线上，即:两个偶极子在同一条直线上（见图 3-13）。因为接收天线设置在发射天线的辐射零点上,所以理论上可以避免自干扰直接到达接收天线。

然而,由于实际天线的非理想特性,这种设置无法完全隔离直接到达的 SI,其功率抑制能力一般在－20 dB 左右。

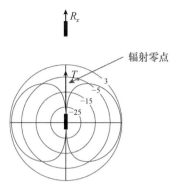

图 3-13　转输方向增益特性

（3）利用极化正交效应

a. 线极化隔离方法

在无线通信系统中，接收天线是保障接收信号质量的重要器件。根据电磁学理论可知：在给定辐射能流密度值的情况下，当一个鞭式天线极化方向与接收信号的电场振动方向平行时，接收信号功率最大；当极化方向与接收信号的电场振动方向垂直时，接收信号功率为零。一般情况下，在接收天线处辐射电场的有效值为

$$E'_R = E_T \cos\theta_{\widehat{TR}} \tag{3-30}$$

其中，E_T 和 E'_R 分别为接收天线处的电场强度和实际天线的接收信号强度，$\theta_{\widehat{TR}}$ 是极化方向与电场方向的夹角。式（3-30）可以理解为：有效电场强度为辐射场强度在接收天线长度方向上的投影值。

根据上面的分析，在考虑布放接收天线时要注意：天线要垂直于 SI 的电场，若 CCFD 辐射天线是如图 3-14 所示的辐射偶极子，则接收鞭式天线平行 $\vec{e}_\varphi$，就能实现自干扰的正交隔离。由于实际情况的非理想特性，这种正交隔离效果在 −20 dB 左右。

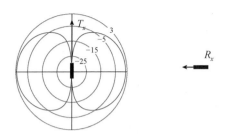

图 3-14　正交极化隔离

在实际设计中,往往需要综合考虑上述几个因素,给出鞭式天线最佳的布放方案。

b. 椭圆正交极化隔离方法

上述简单极化自干扰隔离方法的缺陷是,当环境偏离理想设计条件时,天线无法用信号处理的方法取得正交极化效果。而这个问题在椭圆正交极化隔离方法中迎刃而解。让我们首先介绍椭圆正交极化的形成。

椭圆正交极化的产生需要两根天线:它们激发两个同频率、传播方向相同、电场向量相互正交的电磁波。这里描述一列沿 z 方向传播的平面椭圆极化电磁波,它的一个电场方向沿 x 轴方向,另一个沿 y 轴方向,它们的相位差为 β,其数学表达式为

$$E_x = E_{x0}\cos(\omega t - kz) \tag{3-31}$$

$$E_y = E_{y0}\cos(\omega t - kz + \beta) \tag{3-32}$$

其中,E_x 和 E_y 分别表示两个相互正交的电场矢量,E_{x0} 和 E_{y0} 分别表示两个电场向量的幅值,ω 和 k 分别表示电场振动圆频率和空间波数。

椭圆极化电磁波的电场可以写为

$$\vec{E} = E_{x0}\cos(\omega t - kz)\vec{i} + E_{y0}\cos(\omega t - kz + \beta)\vec{j} \tag{3-33}$$

其中,$\vec{E}$ 为一个旋转电场。当 $\beta = 0°$,所叠加的电场为线性极化;

当 $\beta=90°$,所叠加的电场为右旋圆极化;当 $\beta=-90°$,所叠加的电场为左旋圆极化;当 $\beta\neq0°,\pm90°$,所叠加的电场为椭圆极化。

利用椭圆极化消除 CCFD 自干扰信号的原理如下:当发射信号为一个椭圆极化电磁波时(无论是左旋还是右旋),接收方可以找到另一个椭圆极化方式接收信号,使得接收椭圆极化与发射椭圆极化正交。我们称这个正交状态为正交配对,并利用它消除椭圆极化的 SI。

在应用中,我们可以在发射机和接收机采用正交极化天线,通过对极化方向的调整,使得发射极化正交于接收极化方向。为了保持接收机具有较高的接收灵敏度,我们固定接收椭圆极化参数,用调整发射天线极化方向的方法,寻找消除 SI 的正交配对。椭圆正交极化隔离方法如图 3-15 所示。

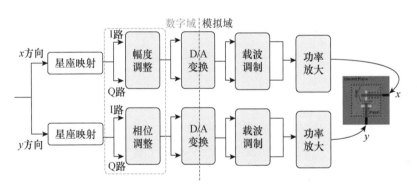

图 3-15 数字域椭圆正交极化隔离方法

图 3-15 中红框所示位置处,在数字域基带对初始信号进行分路,分为 x 方向和 y 方向两路,分别进行星座映射、幅度/相位调整、D/A 变换、载波调制和功率放大操作,最终输入到正交双极化天线的 x 方向馈线和 y 方向馈线,实现电磁波的极化状态,使其在接收天线处正交抵消,从而消除自干扰。

幅度/相位调整的操作显示在图 3-15 中的橙色方框位置处，是通过对 x 和 y 方向的星座点调整幅度和旋转角度来实现的。具体实现是对星座点的 I、Q 路进行如下变换，其中，(I_x,Q_x)、(I_y,Q_y) 分别代表 x 和 y 方向的数据在星座图上的坐标。

$$\begin{cases} I_x = \dfrac{E_{x0}}{E_{y0}} * I \\ Q_x = \dfrac{E_{x0}}{E_{y0}} * Q \end{cases} \tag{3-34}$$

$$\begin{cases} I_y = I\cos\beta - Q\sin\beta \\ Q_y = I\sin\beta + Q\cos\beta \end{cases} \tag{3-35}$$

在经过上述幅度/相位调整的操作后，发射电磁波的极化状态用 ones 矢量的形式表示为 $P_t = [k \quad \mathrm{e}^{j\beta}]^{\mathrm{T}}$。对于己方固定的接收天线极化状态 $P_r = [1 \quad k\mathrm{e}^{j(\beta+\pi)}]^{\mathrm{T}}$，发射电磁波经过空间传输被天线接收后，从接收天线输出的 x 方向馈线和 y 方向馈线的两个信号幅值相同、相位相反，合路接收实现极化正交抵消，即 $(P_r)^{\mathrm{H}}P_t = 0$。

上述操作流程涉及数字电路和模拟电路的转换，在包含幅度/相位调整 D/A 变换、载波调制功率放大的过程中都引入量化了误差。通过 Matlab 仿真得到数字域自干扰消除能力随 D/A 变换位数的变化关系，其仿真结果如图 3-16 所示。

c. 微带天线设计

通过微带天线设计实现对 SI 的隔离，需要同时考虑极化和增益这两个要素。

线性极化的微带天线组成是将一个鞭式天线振子放置在一个金属贴片表面附近，其中鞭式天线确定了天线的极化方向，而金属贴片通过反射决定了天线增益的方向。图 3-17 表示了一种微带天线的结构。

　　将两个相同的微带天线平行放置,并且令它们的极化方向相互垂直。微带天线自干扰抑制的辐射场如图 3-18 所示,其中 E-plane 表示电场分布,H-plane 表示磁场分布。由这两 plane 的对称性可知它们的极化相互垂直。

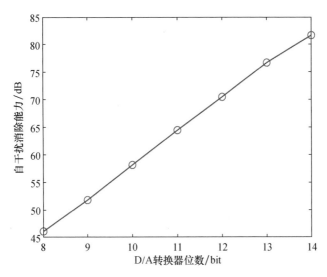

图 3-16　数字域自干扰消除能力随 DAC 位数的变化关系

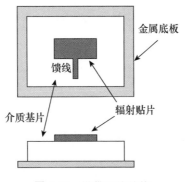

图 3-17　微带天线结构

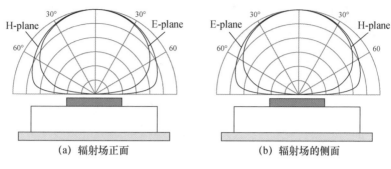

图 3-18　微带天线自干扰抑制的辐射场

　　使用微带天线极化的好处在于,发射天线与接收天线极化方向正交,而且接收天线处在发射天线辐射零增益方向,接收天线的零增益方向也对准辐射天线。据此,除了获得极化正交隔离以外,SI 还得到了天线方向增益的双重抑制。

　　以下给出一个实测案例(见图 3-19),其中设置微带天线的中心频率为 1.92 GHz,带宽为 20 MHz,矩形辐射贴片的尺寸约为 4 cm×4 cm。在发射信号的功率为 0 dBm 时,通过滑轨可以调节

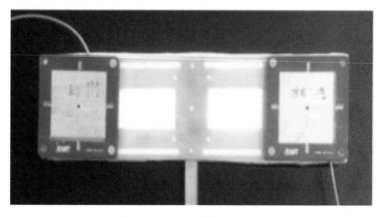

图 3-19　CCFD 微带天线照片

收发天线之间的距离在 5～35 cm 之间变动,利用频谱仪测试接收天线收到的功率,结果表明自干扰抑制能力可以达到 53～66 dB。

(4) 多天线设计方法

早期利用多天线结构消除自干扰的方法见于参考文献[12],如图 3-20 所示,它由两根发射天线(标识为 T)和一根接收天线(标识为 R)组成。两根发射天线通过移相器与同一信号源连接。接收天线接收来自远方的通信信号。把两根发射天线信号的相位差调整为 180°,将两根发射天线之间的距离设置为一个波长,再把接收天线放置于两根发射天线连线的几何中点上,则来自两根发射天线的电磁波在接收天线处由于相位相反而可以相互抵消。这种设计是利用电磁波空间相干叠加原理。

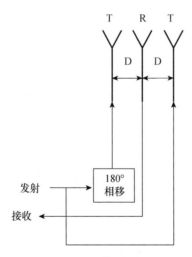

图 3-20 利用多天线结构消除自干扰

随后,在研究人员的努力下创造出了更多巧妙而较为复杂的设计。它们具有显著的 SI 消除效果且体积更小[13][14]。

3.5 CCFD 自干扰消除实例

为了探讨 CCFD 在卫星通信系统中应用的可能性,北京大学团队研制了一个点对点通信测试系统,其载波频率为 5.8 GHz,带宽为 20 MHz,并于 2023 年 4 月在中国河北省保定市定兴县进行了实验。通信环境如图 3-21 中卫星地图所示,通信距离为 6.2 公里。地图右上方表示了一个通信节点,它用于模拟星载设备,所使用的两个天线为如图 3-22 所示的两个阵列,一个用于信号发

图 3-21　点对点 CCFD 通信场景卫星图,通信距离为 6.2 公里

图 3-22 模拟的星载 CCFD 天线整列

射,另一个用于信号接收。地图左下方设置的另一个通信节点用于模拟地面接收站,它采用两个相同的增益为 22 dB 抛物面天线。图 3-22 和 3-23 分别表示信号发射天线和接收天线,模拟地面接收站的两个天线之间的距离为 45 米。我们实际了这两个天线的自干扰隔离效果。测试结果表明,其 CCFD 发射信号机对接收机的自干扰可以忽略不计。

模拟星载设备和地面站设备分别设置在高度大约在 50 米和 20 米的两建筑物上,它们之间的通信信道由开阔的视距场景决定。

图 3-23　模拟地面站的接收天线

图 3-24　模拟地面站的发射天线

在模拟星载设备 CCFD 设备的天线阵列上,系统采用了椭圆极化正交技术。天线由 8×8 阵元组成,其中 32 阵元为 H 极化,另外 32 阵元为 V 极化。天线阵列整体尺寸为 21.6×21.6 cm，两阵列的中心距离 80 cm，阵列增益 22 dB，波束半功率角宽为 10 度。射频干扰消除器和数字基带干扰消除器如 3-25 所示，其中的主要器件是 AD9361 和 ZC706 FPGA，其中 CCFD 发射机信号流程是，数字信号经过低噪放、功分器、移相器、衰减器、低噪放、功放、耦合器、最后经过椭圆极化天线发射，天线辐射功率为 27 dBm。整个 SI 消除过程依据对干扰消除器输出功率极小化进行，采用的算法为最陡下降算法。

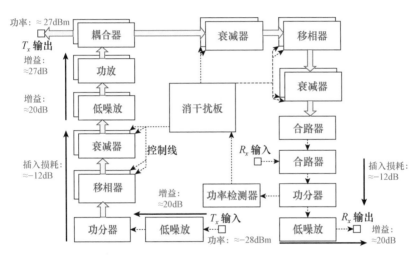

图 3-25　模拟的星载 CCFD 硬件原理框图

值得注意的是，CCFD 接收机为了提高测试自干扰消除器输出功率的敏度，系统接收机利用 SI 已知特性，采用了数字相关技术，从而实现了低于热噪声功率的输出功率的检测（这里略去检测方法）。

图 3-26 表示了星载 CCFD 接收机通信数字解调流程，其中 T_x 缓存器中的数字信号为接收到的 LDPC 二进制数据流，它经

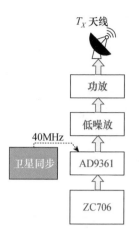

图 3-26 模拟星载 CCFD 节点软件框图

过数字自干扰消除、同步、频率纠偏和解码器恢复原始的通信信号。而 EVM 用于估计恢复的通信信号质量。

模拟地面站 CCFD 设备中的发射机和接收机实际是分离开的，这个通信节点未采用自干扰消除器。实际上，这里 SI 影响完全由设置两个抛物面天线之间距离消除，即：利用空间隔离的方法达到了理想的 SI 消除效果。设备中采用了如图 3-27 和图 3-28 所示的信号发射机和接收机完成。值得注意的是，在模拟卫星通信系统实验之前，需要对两个抛物面天线的增益和波瓣进行实际测量，据此设计它们之间的布防方式和几何分离距离，以到达最佳的 SI 消除结果。

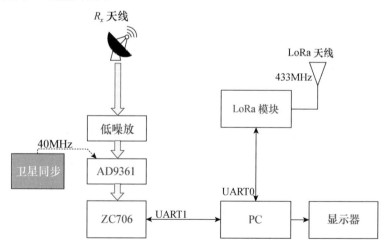

图 3-27 模拟地面站发射机硬件原理图

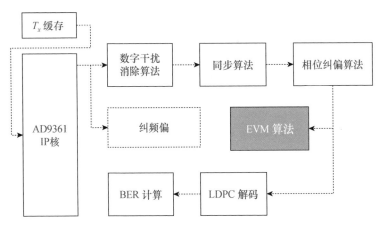

图 3-28　模拟地面站接收机硬件框图

最后,为了简化硬件复杂度,系统采用了 GPS 信号为两个 CCFD 节点的同步钟。

在实际测试中,系统采用了 BPSK 调制方式和码长为 1024、码率为 1/2 的 LDPC 码。表 3-1 和表 3-2 分别给出了模拟星载和地面站接收机误码率,其中模拟星载接收机硬判误码率低于 10^{-3};软判误码率低于 10^{-6},而模拟地面接收站接收机的硬判和软判误码率均低于 10^{-6}。

表 3-1　模拟星载 CCFD 接收机 BER 测试结果

序号	BER(硬判)	BER(软判)
1	0.000242	0.000000
2	0.000465	0.000000
3	0.000976	0.000000
4	0.000493	0.000000
5	0.000202	0.000000

表 3-2 模拟地面接收站 CCFD 接收机 BER 测试结果

序号	BER(硬判)	BER(软判)
1	0.000000	0.000000
2	0.000000	0.000000
3	0.000000	0.000000
4	0.000000	0.000000
5	0.000000	0.000000

第四章　子带全双工通信系统

子带全双工的灵感主要来源于通信理论中的注水原理：我们把通信信道化分为若干个子信道，在发射功率一定的情况下，把发射功率分配给信噪比较高的子信道，而避免分配给那些信噪比极低的子信道，可以将信道容量最大化。

在 OFDM 技术中，由于各个子载波的信道衰落情况各异，接收信号功率会出现大约 30 dB 的差异，因此考虑自干扰消除能力，这个场景特别适合参考注水原理，即：在信噪比较高的子载波上使用 CCFD，而在那些信噪比极低的子载波上仍然使用传统的 HD。

选择接收信号功率较大的子载波使用 CCFD，在接收信号的同时发射信号，而在接收信号功率较小的子载波使用 HD，就构成了子带全双工。它实际上是一种 CCFD 与 HD 混合工作的模式，目前，3GPP 的 Rel-18 正在致力于制定一个适合 5G 的子带全双工标准[1-3]。

另一种子带全双工是对 TDD 的改进得到的,该方法是在接收时隙中,选择接收信噪比较高的时隙工作在 CCFD 模式,而接收信噪比较低的时隙仍然工作在 HD 模式。我们将上述两种实现子带全双工的方法称为频率子带全双工方法和时隙子带全双工方法。它们可实现的频谱效率增益都介于 1 和 2 之间,并折中了 CCFD 自干扰消除复杂度与频谱效率增益两个因素。本章逐一介绍如下。

4.1 频率子带全双工

这里介绍一种基于 OFDM 的频率子带全双工方法,如图 4-1 所示。在一个完整的 OFDM 带宽上,FD 表示全双工模式,HD 表示半双工模式。在频率选择性衰落信道中,OFDM 的不同子载波经历了不同的信道衰落,在发射机使用均匀频谱发射信号时,由于信道衰落,接收机接收到的不同子载波上的信号功率差异可达 30 dB,此时接收机可以选择接收功率较大的子载波发射的信号,

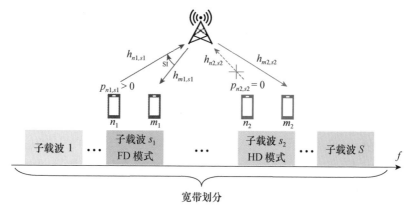

图 4-1　频率子带全双工方法

而避免选择接收功率较小的子载波发射的信号,前者使用 CCFD,而后者使用 HD。

早期子带全双工的理论研究集中于,在发射功率给定的情况下最大化信道容量[4][5],本文简单介绍如下。

这里讨论在给定单用户上行发射功率的情况下,CCFD 上行信道容量最大化问题。为了实现这个优化目标,基站将信道衰落较小的子载波分配给相应的用户,使得基站在发射信号的同时,这些在子载波上的用户也在发射信号,即在这些子载波上实施 CCFD,而未被选中的子载波实施 HD。实现上述子带全双工通信的条件是,已知基站分配给用户的衰落信道,并能通过调度的方法,将那些信号功率较大的子载波分配给各个移动终端用于发射信号。

在公式推导中,采用 CCFD 的各个子载波上残余自干扰由其发射功率和衰减因子 ζ 的乘积表示,利用拉格朗日乘子法求解最大化信道容量。

假设系统是由一个 FD 基站、N 个上行 HD 用户、M 个下行 HD 用户组成的单小区 OFDMA 系统,可用 S 表示子载波数,$h_{n,s}$、$h_{m,s}$ 和 h_s 分别表示上行信道、下行信道及残余自干扰信道系数,n,m,s 分别表示上行用户、下行用户及子载波的索引。若第 n 个上行用户使用第 s 个子载波与基站通信,则基站端接收的信干噪比(SINR)可以表示为

$$\text{SINR}_{n,s} = \frac{p_{n,s}^u h_{n,s}}{p_{I,s} h_s + N_0} \tag{4-1}$$

其中,$p_{n,s}^u$ 表示分配给该上行用户的发射功率,$p_{I,s}$ 表示第 s 个子载波上的残余自干扰信号功率,N_0 为 AWGN 功率。则第 s 个子载波上的第 n 个上行用户信息传输速率可以表示为 $R_{n,s} = x_{n,s} \Delta f \log(1 + \text{SINR}_{n,s})$,其中 $x_{n,s} \in \{0,1\}$ 为一个标志信号,$x_{n,s} = 1$

表示第 s 个子载波分配给了第 n 个上行用户,否则为 0。Δf 为子载波带宽。为保证用户公平性,假设每个上行用户最多可以占用 K 个子载波,总发射功率最大为 P_n,基站的发射功率为 P_{BS},则通过子载波分配和发射功率分配使上行用户信息传输速率之和最大化,可构建如下最优化问题

$$\text{maximise} \quad \sum_{n=1}^{N} \sum_{s=1}^{S} x_{n,s} \Delta f \log(1 + \text{SINR}_{n,s}) \quad (4\text{-}2\text{a})$$

$$\text{subject to} \quad \sum_{n=1}^{N} x_{n,s} \leqslant 1 \quad (4\text{-}2\text{b})$$

$$\sum_{s=1}^{S} x_{n,s} \leqslant K \leqslant S \quad (4\text{-}2\text{c})$$

$$\sum_{n=1}^{N} \sum_{s=1}^{S} x_{n,s} \leqslant NK \leqslant S \quad (4\text{-}2\text{d})$$

$$\sum_{s=1}^{S} p_{n,s}^{u} \leqslant P_n \quad (4\text{-}2\text{e})$$

$$\sum_{s=1}^{S} p_{I,s} \leqslant P_{BS} \zeta \quad (4\text{-}2\text{f})$$

计算分析表明,最优的子载波分配和发射功率分配应采用如下策略:子载波分配的基本准则是,任何子载波都应优先分配给能够提供最大信息传输速率的用户,记为 $R_{n,s\max}$,此外,在所有子载波中,应首先分配具有最大 $R_{n,s\max}$ 的子载波。具体来说,首先计算每个子载波到每个用户的信道质量 $H_{n,s} = h_{n,s}/(p_{I,s}h_s + N_0)$,找到最大 $R_{n,s\max}$ 的子载波优先进行分配,重复这个过程直至某用户已被分配了 K 个子载波,之后再对其他用户继续重复这一过程,直到每个用户均被分配了 K 个子载波。子载波分配完成后,发射功率分配是基于通信理论中的注水原理,其表达式为

$$p_{n,s}^{u*} = \left[\frac{x_{n,s}^{*}}{\mu_n^{*}} - \frac{p_{I,s}h_s + N_0}{h_{n,s}} \right]^{+} \tag{4-3}$$

其中,$[\cdot]^{+} := \max\{\cdot, 0\}$,$1/\mu_n^{*}$ 为注水线。当 $p_{n,s}^{u*} = 0$,即上行用户不发送信息,此时基站工作在半双工模式,如图 4-2 所示。该算法以 $O(NS^2)$ 的低复杂度获得较大的信道容量增益。

　　为了更直观地说明频率子带全双工的性能增益,对上述方案进行了仿真。具体仿真参数设置：子载波带宽为 15 kHz,AWGN 功率为 $N_0 = -100$ dBm,基站的发射功率为 $P_{BS} = -30$ dBm,总发射功率为 $P_n = 0$ dBm,残余自干扰信道系数 $h_s = 0.001$,上行信道和残余自干扰信道均为多径信道且满足瑞利分布,此外,第 n 个上行用户在第 s 个子载波上的残余自干扰信号功率和平均 SINR 可分别表示为如下形式

$$p_{I,s} = \frac{P_{BS}h_s}{S} \tag{4-4}$$

$$\text{平均 SINR} = \frac{P_n}{P_{BS}h_s + SN_0} \tag{4-5}$$

残余自干扰抑制能力 G 可以表示为

$$G = -10\log \frac{\sum_{n=1}^{N}\sum_{s=1}^{S} x_{n,s}p_{I,s}h_s}{\sum_{s=1}^{S} p_{I,s}h_s} \tag{4-6}$$

　　"算法 1"即式(4-3)是我们提供的发射功率分配算法,该算法在增加信道容量和抑制自干扰的同时考虑了残余自干扰的影响；"算法 2"将残余自干扰视为噪声,实质上忽略了残余自干扰的影响；"算法 3"为随机进行子载波分配,而没有对资源分配进行任何优化。图 4-2 对比了上述不同算法下信道容量与子载波个数的关系,其中 $K = 32$,$N = 3$,$\text{SINR} \simeq 0$ dB。相比于算法 2 和算法 3,算法 1 提供的信道容量有了明显的提高,此外随着子载波总数的增加,

所提算法的信道容量增益越来越显著。

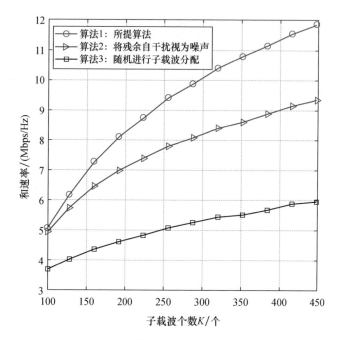

图 4-2　信道容量与子载波个数关系

图 4-3 对比了信道容量与信干噪比的关系,同样设置 $K=32$,$N=3$,子载波总数 $S=600$,相比于算法 2 和算法 3,算法 1 提供的信道容量有明显的提高,且这一增益会随着信干噪比的增大而进一步提高。

子带全双工是 CCFD 的一种演进方案,随着自干扰消除能力的增加,它们均可演进为完全 CCFD。

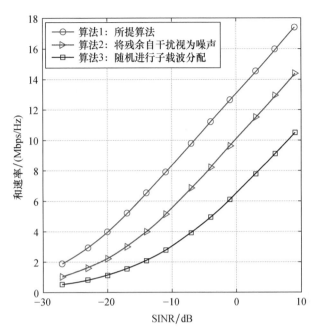

图 4-3　信道容量与信干噪比的关系

4.2　时隙子带全双工

时隙子带全双工方法是由传统的 TDD 改造而成的,它的上行信道和下行信道由不同时隙组成。在下行时隙,基站发送信号至各个移动终端;在上行时隙,移动终端发送信号至基站。由于 TDD 的信号占用带宽较大,远近效应占主导地位,即:距离基站较近的移动终端接收的信号功率远大于距离基站较远的移动终端接收的信号功率。这种远近效应同样适用于基站接收信号。通常,远近信号功率差异可达到 80 dB 以上。将接收信号功率大的时隙设置为 CCFD 是一种提升频谱效率的有效方法,将接收信号功率小的时隙保留为 TDD,则形成的混合双工方式称为时隙子带全双工,如图 4-4 所示。

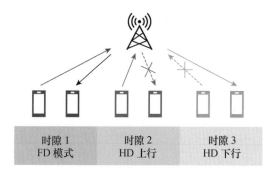

图 4-4　时隙子带全双工方法

　　这里介绍时隙子带全双工方法中选择 CCFD 与 HD 的原则[6]:考虑由一个基站和多个 TDD 移动终端组成的系统,其中基站的工作模式在 CCFD 和 HD 之间切换。将基站的 CCFD 模式定义为 CCFD 时隙,在这个时隙上,系统将一个上行用户和一个下行用户配对,它发送信号至其中一个移动终端,同时接收来自另一个移动终端的信号。在以上行信道和下行信道的和速率为目标的情况下,提出了一种基于功率控制的基站工作模式在 CCFD 与 HD 之间切换的优化策略。

　　假设在某一个时隙,基站和移动终端的发射功率分别为 P_{BS} 和 P_{MS},下行信道、上行信道及上行用户对下行用户的信道干扰系数分别表示为 H_1、H_2 和 H_{12},若基站发射机到接收机的残余自干扰为 P_{re},定义自干扰消除因子 $\varphi = 10\log(P_{BS}/P_{re})$,$N_0$ 为 AWGN 功率,并假设其为常数,则下行信道与上行信道的信干噪比可分别表示为

$$\Lambda_{DL} = \frac{P_{BS}H_1}{P_{MS}H_{12}+N_0} \tag{4-7}$$

$$\Lambda_{UL} = \frac{P_{MS}H_2}{P_{BS}10^{-\varphi/10} + N_0} \qquad (4\text{-}8)$$

根据香农公式,该时隙上行信道、下行信道的和速率为

$$C = \log_2(1 + \Lambda_{DL}) + \log_2(1 + \Lambda_{UL})$$

$$= \log_2\left(1 + \frac{P_{BS}\lambda_1}{P_{MS}\lambda_{2i} + 1}\right) + \log_2\left(1 + \frac{P_{MS}\lambda_2}{P_{BS}\lambda_{1i} + 1}\right) \qquad (4\text{-}9)$$

其中,$\lambda_1 = H_1/N_0$,$\lambda_2 = H_2/N_0$,$\lambda_{1i} = 10^{-\varphi/10}/N_0$,$\lambda_{2i} = H_{12}/N_0$。若基站与用户的最大发射功率分别为 P_m,$P_{m'}$,通过上行信道和下行信道联合实现功率控制以达到和速率最大化,求解如下最优化问题

$$\{P_{BS_{opt}}, P_{MS_{opt}}\} = \operatorname{argmax}_{P_{BS}, P_{MS}} \log_2\left[\left(1 + \frac{P_{BS}\lambda_1}{P_{MS}\lambda_{2i} + 1}\right)\left(1 + \frac{P_{MS}\lambda_2}{P_{BS}\lambda_{1i} + 1}\right)\right]$$

$$(4\text{-}10a)$$

$$0 \leqslant P_{BS} \leqslant P_m \qquad (4\text{-}10b)$$

$$0 \leqslant P_{MS} \leqslant P_{m'} \qquad (4\text{-}10c)$$

上述问题可转化为一个标准的凸优化问题并通过拉格朗日乘子法求解。由此得出基站在 CCFD 模式与 HD 模式之间切换的条件

$$\begin{cases} \text{CCFD,} & \Gamma' > \max\{P_m\lambda_1, P_{m'}\lambda_2\} \\ \text{HD,} & \text{其他} \end{cases} \qquad (4\text{-}11)$$

其中,Γ' 定义为

$$\Gamma' = \frac{P_m\lambda_1}{P_{m'}\lambda_{2i} + 1} \frac{P_{m'}\lambda_2}{P_m\lambda_{1i} + 1} \qquad (4\text{-}12)$$

式(4-12)为基站提供了一种高效的 CCFD/HD 模式切换方案。

为评估上述时隙子带全双工方法的性能,本部分针对一种典型场景进行了仿真,该场景包含一个基站、一个下行移动终端和一个上行移动终端,其位置坐标分别为(0 m, 0 m)、(−100 m,−100 m)和(100 m, 100 m),仿真参数设置如下:基站最大发射功率 $P_m =$

1.0 W,用户最大发射功率 $P_{m'}=0.1$ W,AWGN 功率为 8.2724×10^{-8} W,假定信道为准静态平坦衰落信道,路径损耗因子 $\alpha=3$。

图 4-5 和图 4-6 分别展示了基站在 CCFD 和 HD 模式下,随着基站和移动终端的发射功率(P_{BS},P_{MS})从 0 逐渐增大到上述设置的最大值,上行信道和下行信道和速率的变化情况。此处设置自干扰消除因子 φ 分别为 70 dB 和 30 dB。

从图 4-5 中可以看出,上行信道和下行信道的和速率总是随着 P_{BS} 和 P_{MS} 的增大而提升,其最优的功率控制方案为 $P_{BS}=P_m=1$ W,$P_{MS}=P_{m'}=0.1$ W,这一结果表明当基站以 CCFD 模式工作时,基站以最大发射功率进行上行信道和下行信道数据传输,此时上行信道和下行信道的和速率最大。而图 4-6 则表明,最优的功率控制方案为 $P_{BS}=P_m=1$ W,$P_{MS}=0$ W,也就是说基站以 HD 模式工作时,基站以最大发射功率进行下行信道数据传输,和速率将达到最大。

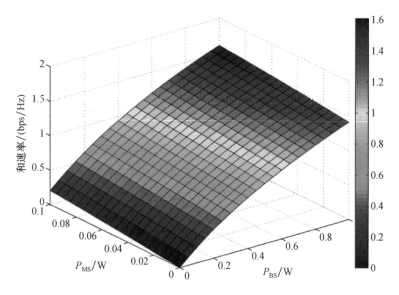

图 4-5　基站在 CCFD 模式时上行信道和下行信道的和速率

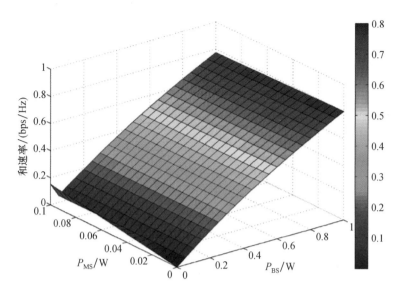

图 4-6 基站在 HD 模式时上行信道和下行信道的和速率

此外,图 4-5 的仿真中 $H_1=6.62\times10^{-7}$,$H_2=6.03\times10^{-7}$,$H_{12}=3.31\times10^{-8}$;图 4-6 的仿真中 $H_1=2.95\times10^{-7}$,$H_2=4.39\times10^{-7}$,$H_{12}=1.77\times10^{-7}$。代入上述参数可以很容易计算出,在图 4-5 中,$\Gamma'\gg\max\{P_m\lambda_1,P_{m'}\lambda_2\}$,根据式(4-11),基站应该工作在 CCFD 模式。而在图 4-6 中,$\Gamma'\ll\max\{P_m\lambda_1,P_{m'}\lambda_2\}$,表明基站以 HD 模式工作时将获得最大的和速率,具体传输方向取决于哪一方和速率更大,这里称为机会半双工。同时也可以看出,Γ' 很大程度上取决于自干扰消除因子 φ 的取值,即图 4-5 和图 4-6 中分别对应的 $\varphi=70$ dB 和 $\varphi=30$ dB。这些仿真结果验证了式(4-11)提出的 CCFD 和 HD 之间的切换方案。

从图 4-7 可以看出,当 φ 很小时,受基站处较强的自干扰影响,机会 HD 模式下的和速率优于 CCFD 模式下的和速率,此时系统应工作在 HD 模式,只进行上行信道或下行信道之一的数据传输;而当 φ 增大到一定程度(如在本次仿真条件 φ>55 dB 时),系统以 CCFD 模式工作时的和速率将优于机会 HD 模式,且随着 φ 的进一步增大,CCFD 模式下的和速率增长迅速。而当 φ 增大到某一值后,和速率将受到一个上界的限制,这个上界主要由发射功率区间和移动终端之间的干扰所决定。从图 4-7 可以很清晰地看出,在提出的切换方案下,上行信道和下行信道的和速率在整个 φ 的变化区间内总是最优的。

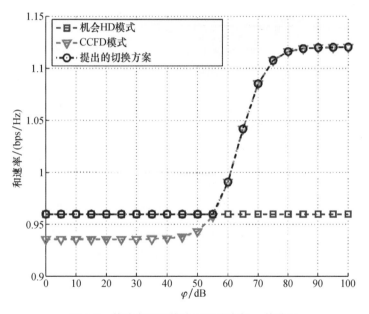

图 4-7　基站在不同模式下和速率与 φ 的关系

上述结果表明,根据不同时隙的瞬时信道状态,基站在 CCFD 和 HD 模式之间切换,对无线时隙资源进行合理利用和调度,可以提高网络吞吐量,获得更高的频谱效率。

第五章 CCFD 协助的 D2D 缓存系统

5.1 D2D 缓存网络简介

传统蜂窝网络采用以基站为中心的集中式通信方式。该方式下基站便于管理无线资源、协调干扰,但同时也使得其灵活性和频谱效率较低,且距离基站较远的边缘用户通信质量相对较差。D2D 通信技术是 5G 的关键技术之一[1],由 3GPP 在其早期的 LTE Release 12 标准中提出,具有降低网络负载和延迟,提升网络服务的特点。在 D2D 通信技术中,通信双方无须通过基站中转,而是在物理位置邻近的移动终端之间直接建立 D2D 通信链路,进行移动数据共享。这不仅可以提高频谱效率,增加通信容量,而且能够减轻核心网络的工作负担,使得整个网络的运行更为灵活、智能、高效。

在 5G 中,各式各样的智能应用将产生海量的移动数据,而事实上,同一蜂窝小区结构下,用户请求的数据大多存在一定的相似性,造成相同数据的多次传输,加重蜂窝网络的传输负担。缓存技术的出现大大改善了这一问题[2],它在通信非高峰时期(如夜间时段),提前将热点数据主动存储到靠近用户且具有存储能力的节点(如移动终端、小基站),使得用户可以直接从这些节点获取数据,而无须通过有线回传链路从基站获取,这大大降低了有线回传链路和核心网络的数据传输延迟;它在通信高峰时期,减轻了有线回传链路和核心网络的带宽压力,改善了网络性能。

综上所述,将 D2D 通信技术和缓存技术引入 5G,基于 D2D 通信技术在传统的蜂窝网络中物理位置邻近的用户之间建立直接通信,并基于移动终端缓存技术在通信非高峰时期预先缓存热点数据,可以有效提高数据传输效率,降低端到端的数据传输延迟和传输功率[3—5]。

5.2 D2D 缓存网络技术问题

D2D 缓存网络的数据卸载包括两个基本过程,即内容感知和内容传输。内容感知指用户设备充当 CR,寻找缓存了请求文件的特定设备,这是进行内容传输的前提;而用户设备充当 CP 时,若其缓存文件被请求,一旦该请求被感知,便会触发内容传输。

D2D 缓存网络面临的挑战是:设备的通信范围有限,导致对上述两个过程均造成影响。一方面,对于内容感知,由于邻近发现的灵敏度有限,即使 D2D 缓存网络提供了大量的虚拟缓存空间,也只能感知在一定范围内的请求文件;另一方面,对于内容传输,仅限于单条链路,当 CP 的位置较远时,特别是当内容感知范围扩大时,内容传输容易经历大尺度衰落。因此,D2D 有限的通信范围大大限制了 D2D 缓存网络的数据卸载性能。

CCFD 技术的引入有望改善上述问题。首先，D2D 针对的是短程通信，因而具备低发射功率的特点。当 D2D 节点应用 CCFD 后，相比于具备相等自干扰消除能力的高发射功率节点，D2D 节点的残余自干扰功率更小。其次，在 CCFD 的辅助下，D2D 通信能获得更大的网络覆盖[6]。此外，参考文献[7]证明了 CCFD"既收又听"的特性能有效促进 D2D 的邻近发现过程。受此启发，我们将重点讨论 CCFD 应用于 D2D 缓存网络以提高对邻近缓存设备感知能力的可行性，同时探讨 CCFD 协作通信提升内容传输性能的方案。

5.3　CCFD 协作的 D2D 缓存策略

5.3.1　系统模型

为联合促进内容感知和内容传输，提升 D2D 缓存网络的数据卸载性能，本节介绍一种新型的 CCFD 协作的内容接入技术[8]，CCFD 协作的 D2D 缓存网络场景模型如图 5-1 所示。

场景包含基站和 D2D 缓存网络，其中包括多个 UE。每个 UE 可通过 D2D 链路与其邻近的其他设备进行通信，也可以通过蜂窝链路与基站通信。基站通过高容量增益的有线回传链路直接连接到核心网络的服务器，当有内容请求时基站通过有线回传链路从服务器下载数据，因此这里暂不考虑基站配置缓存的情况。D2D 缓存网络中密集部署了多个 UE，其位置分布服从密度为 λ_0 的同质 PPP 分布 Φ_0。假设一部分 UE 配置了缓存单元，这部分 UE 占节点总数的比例为 $\delta \in (0,1)$，作为缓存网络的内容提供者。剩余的 $(1-\delta)$ 部分作为缓存网络的内容请求者。由此，内

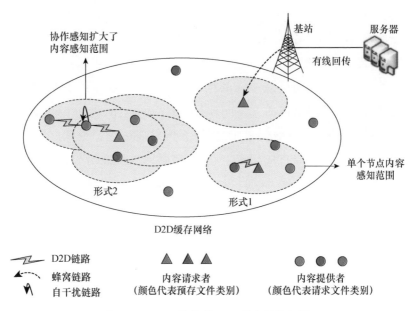

图 5-1　CCFD 协作的 D2D 缓存网络场景

容提供者和内容请求者的位置分布分别服从密度为 $\delta\lambda_0 \triangleq \lambda_p$ 和 $(1-\delta)\lambda_0 \triangleq \lambda_R$ 的 PPP 分布。

假设每个 UE 配置单天线,发射功率为 P_t,能够以 CCFD 模式工作。UE 发出的信号在距离 r 处的大尺度衰落系数为 $r^{-\alpha}$,其中 α 是路径衰落系数。任意一对收发机之间的无线信道的小尺度衰落服从瑞利衰落。假设每个接收机均受到加性高斯白噪声的影响,噪声服从均值为零、方差为 σ_0^2 的复高斯分布。用 $F \triangleq \{1, 2, \cdots, F\}$ 表示包含 F 个文件的集合,并按流行度高低进行排列,即集合 F 中的第 1 个文件是最受欢迎的,第 F 个文件是最不受欢迎的。每个文件流行度用文件被请求的概率表示。一种常用的文件请求情况的分布是 Zipf 分布,第 f 个文件被用户请求的概率表示为

$$p_f = \frac{f^{-\varepsilon}}{\displaystyle\sum_{i=1}^{F} i^{-\varepsilon}} \tag{5-1}$$

其中,ε 是 Zipf 分布系数。假设所有文件都是同样大小的,且与内容提供者的每个缓存单元的大小相同。考虑到 UE 存储空间的有限性,作者假设每个内容提供者具备的缓存文件个数为 $N(N \ll F)$。对于缓存文件的方案,考虑地理缓存策略,具体说来,每个内容提供者按照缓存文件的概率向量 $\boldsymbol{q} = \{q_1, \cdots, q_f, \cdots, q_F\}$ 独立选择要缓存的文件,q_f 代表内容提供者缓存第 f 个文件的概率,满足 $\displaystyle\sum_{f=1}^{F} q_f \leqslant N$。 根据稀疏特性,缓存了第 f 个文件的所有内容提供者,其地理位置服从密度为 $q_f \lambda_p$ 的同质 PPP 分布。

5.3.2　基于 CCFD 的内容接入技术

在 D2D 缓存网络中,考虑每个内容请求者随机独立地发送文件请求消息,请求文件 $f \in F$,当有邻近节点缓存了该文件时,将告知内容请求者。由于实际网络中接收机的灵敏度有限,每个内容请求者只能感知到一定地理范围内的文件分布情况,我们将这个地理范围称作 CSR。基于 CCFD 的内容接入技术描述如下:当内容请求者随机请求文件 $f \in F$ 时,包含以下两种内容接入形式:

(1) 形式 1:在发送文件请求消息后,内容请求者在其 CSR 内发现了已经预存请求文件的内容提供者。当有不止一个这样的内容提供者时,由最近的内容提供者通过 D2D 链路发送缓存文件给内容请求者。

(2) 形式 2:当请求文件在 CSR 内不存在时,内容请求者将广播请求协作消息,邀请其 CSR 内的所有 UE 进行协作。收到请求协作消息后的 UE 将在其对应的 CSR 内帮助寻找请求文件。一旦找到文件,由其中某个 UE 作为中继,应用 CCFD 内容接入技术,通过 D2D 链路从内容提供者处协作将文件取回给原内容请求者。

若以上两种形式获取文件均失败,内容请求者将向基站请求文件,基站通过有线回传链路从核心网络服务器下载文件,通过蜂窝链路发送给内容请求者。可以看到,在形式 2 中,在 CCFD 内容接入技术的协作下,内容请求者的内容感知范围被扩大了。并且,CCFD 协作传输进一步提升了从远处内容提供者处取回文件时的传输性能。简而言之,CCFD 增强了内容感知和内容传输两个过程。

假设以上两种形式的通信都是在蜂窝网络和基站的覆盖范围内,并对应正交带宽分配。具体地,将系统分配给 D2D 缓存网络的总带宽为 W_0,其中带宽为 $w_1 = \theta W_0$ 的部分专门分配给形式 1 的链路传输,剩余的带宽 $w_2 = (1-\theta)W_0$ 分配给形式 2 的链路传输,其中 $\theta(0 < \theta < 1)$ 表示带宽划分因子。

5.3.3 性能分析

为评估 D2D 缓存网络的数据卸载性能,使用命中率作为性能评价指标,其定义为:任意内容请求者在分布式缓存系统中成功找到请求文件并以不低于阈值 R_0 的速率接收请求文件的概率。根据此定义,对于应用了基于 CCFD 内容接入技术的 D2D 缓存网络,其命中率可以表示为

$$\rho = \sum_{f=1}^{F} p_f (S_{1,f} D_{1,f} + S_{2,f} D_{2,f}) \tag{5-2}$$

其中,$S_{k,f}(k=1$ 或 $2)$ 代表任意内容请求者通过形式 k 找到请求文件 f 的 SSP,$D_{k,f} \triangleq \Pr(R_{k,f} \geq R_0)$ 表示任意内容请求者在通过形式 k 找到请求文件 f 后,内容请求者接收请求文件的速率 $R_{k,f}$ 不低于阈值 R_0 的概率,被称为通过形式 k 取回请求文件 f 的

SDP。可以看出，D2D 缓存网络的命中率由 SSP、SDP 以及内容缓存分布共同决定。同时，D2D 缓存网络的带宽分配情况也将影响内容传输的效率。这些因素联合影响着缓存网络的数据卸载性能。推导不同形式下的 SSP 和 SDP，可得到缓存网络的命中率。

1. 成功感知概率

（1）形式 1：假设典型内容请求者请求获得文件 f。所有缓存了文件 f 的内容提供者的地理位置服从密度为 $q_f\lambda_p$ 的同质 PPP 分布。用 r_{0f} 表示典型内容请求者到缓存了文件 f 的最近的内容提供者的距离，式(5-3)是距离 r 满足的概率密度函数，所以 r_{0f} 也满足这个函数

$$f_{0f}(r) = 2\pi q_f \lambda_p r \mathrm{e}^{-\pi q_f \lambda_p r^2} \tag{5-3}$$

对于形式 1，其成功感知概率是指典型内容请求者在其 CSR 内找到请求文件的概率。用 s_0 代表内容感知范围的半径，那么，通过形式 1 找到请求文件 f 的成功感知概率为

$$S_{1,f} = \int_0^{s_0} f_{0f}(r)\mathrm{d}r = 1 - \mathrm{e}^{-\pi q_f \lambda_p s_0^2} \tag{5-4}$$

由此，形式 1 的成功感知概率为

$$S_1 = \sum_{f=1}^{F} p_f S_{1,f} \tag{5-5}$$

（2）形式 2：通过上文对形式 2 的描述可知，至少需要有一个 UE 位于原内容请求者的内容感知范围内，并且还能感知到可以提供请求文件的内容提供者。在这里称满足以上条件的 UE 是形式 2 合格的。若没有形式 2 合格的 UE 存在，即使有预存了文件 f 的内容提供者，也会因距离太远而无法被感知到。

图 5-2 是对形式 2 的几何说明，其中 S、R、D 分别代表内容提供者 CP_0、形式 2 合格的中继节点、原内容请求者 CR_0，s_0 表示

内容感知范围半径,阴影区域 Q 代表原内容请求者 CR_0 所有形式 2 合格的 UE 的存在区域。显然,Q 内需要存在至少一个 UE,在其协助下才能使 CP_0 的预存内容被 CR_0 感知到。在形式 2 中,假设原内容请求者 CR_0 与最近的缓存了文件 f 的内容提供者 CP_0 的距离为 $r_{SD,f}$,其概率密度函数为

$$f_{SD,f}(r) = 2\pi q_f \lambda_p r \mathrm{e}^{-\pi q_f \lambda_p r^2} \tag{5-6}$$

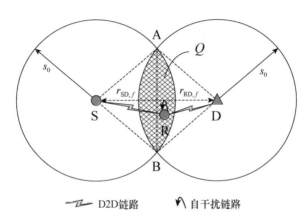

—⚡ D2D链路   ⚡ 自干扰链路

图 5-2　形式 2 的几何说明

通过形式 2 找到请求文件 f 的成功感知概率为

$$S_{2,f} = \int_{s_0}^{2s_0} (1 - \mathrm{e}^{-\lambda_0 |Q|}) f_{SD,f}(r) \mathrm{d}r \tag{5-7}$$

其中 $|Q|$ 代表图 5-2 中阴影区域 Q 的面积。根据几何数学,$|Q|$ 可以表示为

$$|Q| = (Q_{\overset{\frown}{ABD}} - Q_{\triangle ABD}) + (Q_{\overset{\frown}{ABS}} - Q_{\triangle ABS})$$

$$= 2s_0^2 \arccos\left(\frac{r_{SD,f}}{2s_0}\right) - \frac{1}{2} r_{SD,f} \sqrt{4s_0^2 - r_{SD,f}^2} \tag{5-8}$$

由此,形式 2 的成功感知概率为

$$S_2 = \sum_{f=1}^{F} p_f S_{2,f} \tag{5-9}$$

整个 D2D 缓存网络的成功感知概率为 $S = S_1 + S_2$，代表了任意内容请求者在 D2D 缓存网络找到其相应请求文件的概率。

2. 成功传输概率

成功传输概率是指任意内容请求者以不低于阈值 R_0 的传输速率接收请求文件的概率。具体地，对于通过形式 k 取回请求文件 f 的成功传输概率 $D_{k,f} \triangleq \Pr(R_{k,f} \geqslant R_0)$，可以将其等效写为 $\Pr(\gamma_{k,f} \geqslant \gamma_k)$，这里，传输速率 $R_{k,f}$ 表示为

$$R_{k,f} = w_k \log_2(1 + \gamma_{k,f}) \tag{5-10}$$

其中，$\gamma_{k,f}$ 表示典型内容请求者 CR_0 接收数据时的信干噪比，$2^{R_0/w_k} - 1 \triangleq \gamma_k$ 代表形式 $k(k=1$ 或 $2)$ 的等价信干噪比需求。当不止一个内容请求者通过相同的形式 k 与同一内容提供者相联系时，内容请求者采用时分多址或频分多址的方式，正交地服务多个内容请求者。在这里我们考虑一个离散时间系统，时间被划分为多个等长的时隙。在每个时隙内，内容提供者仅向单个内容请求者提供文件传输，每个文件须在一个时隙内完成传输，这也是预设接收传输速率阈值 R_0 的原因。接下来针对不同的形式推导其对应的成功传输概率。

（1）形式 1：假设内容请求者 CR_0 请求文件 f。在形式 1 中，CR_0 接收数据时的信干噪比表示为

$$\gamma_{1,f} = \frac{P_t g_{0f} r_{0f}^{-\alpha}}{I_1 + N_0 w_1} \tag{5-11a}$$

其中，g_{0f} 表示内容提供者 CP_0 与 CR_0 之间的信道增益，I_1 表示其他同样活跃于形式 1 的内容提供者在 CR_0 处产生的干扰。这些活跃于形式 1 的内容提供者的地理位置服从密度为 $\lambda_R S_1$ 的同质 PPP 分布 Φ_1。$N_0 w_1$ 表示接收机处的噪声总功率，N_0 为噪声

功率谱密度。由此，形式 1 的条件成功传输概率 $\Pr(\gamma_{1,f} \geqslant \gamma_1 \mid r_{0f})$ 表示为

$$\Pr(\gamma_{1,f} \geqslant \gamma_1 \mid r_{0f}) = \Pr\left(\frac{P_t g_{0f} r_{0f}^{-\alpha}}{I_1 + N_0 w_1} \geqslant \gamma_1 \mid r_{0f}\right) \quad (5\text{-}11\text{b})$$

$$\approx \Pr(g_{0f} \geqslant P_t^{-1} r_{0f}^{\alpha} I_1 \gamma_1) \quad (5\text{-}11\text{c})$$

$$= \mathbb{E}_{I_1}\left[\int_{P_t^{-1} r_{0f}^{\alpha} I_1 \gamma_1}^{+\infty} e^{-g_{0f}} \, dg_{0f}\right] \quad (5\text{-}11\text{d})$$

$$= \mathbb{E}_{I_1}\left[e^{-P_t^{-1} r_{0f}^{\alpha} I_1 \gamma_1}\right] \quad (5\text{-}11\text{e})$$

$$= \mathcal{L}_{I_1}(P_t^{-1} r_{0f}^{\alpha} \gamma_1) \quad (5\text{-}11\text{f})$$

其中，式(5-11c)考虑到了 D2D 缓存网络中节点的密集部署导致无线传播环境干扰受限，式(5-11d)考虑到了小尺度衰落模型 $g_{0f} \sim \exp(1)$，式(5-11f)将式(5-11e)写成随机变量 I_1 的拉普拉斯变换形式。根据 I_1 的定义，有

$$I_1 = \sum_{i \in \Phi_1 \backslash \mathrm{CP}_0} P_t g_i r_i^{-\alpha} \quad (5\text{-}11\text{g})$$

其中，g_i 为第 i 个活跃于形式 1 的内容提供者与 CR_0 之间的干扰信道增益，r_i 表示两者之间的距离。进而，可推导出 I_1 的拉普拉斯变换形式。本书旨在强调 CCFD 的优势，因此详细的推导过程便不再展开，而是直接由式(5-12)给出，感兴趣的读者可在参考文献[8]中详细查阅。

$$\mathcal{L}_{I_1}(P_t^{-1} r_{0f}^{\alpha} \gamma_1) = \exp\{-2\pi^2 \lambda_r S_1 \gamma_1^{\frac{2}{\alpha}} \csc(2\pi\alpha^{-1}) \alpha^{-1} r_{0f}^2\}$$

$$(5\text{-}12)$$

将式(5-12)代入式(5-11e)并化简后可得，通过形式 1 传输文件 f 的成功传输概率 $D_{1,f}$ 的闭式表达式为

$$D_{1,f} = \mathbb{E}_{r_{0f}}[\Pr(\gamma_{1,f} \geqslant \gamma_1 \mid r_{0f})]$$

$$= \frac{\pi q_f \lambda_p}{S_{1,f}} A^{-1}(1 - e^{-As_0^2}) \quad (5\text{-}13)$$

式(5-13)中 A 用来代替如下表达式,以求形式简洁

$$A = -2\pi^2\lambda_r S_1 \gamma_1^{\frac{2}{\alpha}} \csc(2\pi\alpha^{-1})\alpha^{-1} + \pi q_f \lambda_p \qquad (5\text{-}14)$$

（2）形式 2：为了方便描述,用下角标 SR 和 RD 分别表示形式 2 的第一阶段和第二阶段,对应源节点到中继节点,以及中继节点到目的节点。所有形式 2 中合格的 UE 都位于图 5-2 中阴影区域 Q 内,考虑到 Q 内可能存在不止一个 UE,因此需要选取某个形式 2 合格的 UE 作为中继节点。为了方便描述,我们称从阴影区域 Q 中选出来的中继节点为 R_0,并假设协作传输采用 DF 策略。因此,典型内容请求者 CR_0 接收数据时的信干噪比表示为

$$\gamma_{2,f} = \min(\gamma_{\mathrm{SR},f}, \gamma_{\mathrm{RD},f}) \qquad (5\text{-}15)$$

其中,$\gamma_{\mathrm{SR},f}$ 和 $\gamma_{\mathrm{RD},f}$ 分别表示第一阶段和第二阶段对应接收机的接收信干噪比。为了简化分析,将所有活跃于形式 2 的内容提供者以及对应的中继节点近似为同质 PPP 分布 Φ_2,密度为 $2\lambda_r S_2$（因为内容请求者的密度为 λ_r,通过形式 2 感知到请求内容的概率为 S_2,对应一个内容提供者和一个中继节点,故活跃于形式 2 的内容提供者和中继节点密度为 $2\lambda_r S_2$）。注意到,由于形式 1 和形式 2 采用正交带宽分配,因此,Φ_2 与 Φ_1 是相互不重叠的。

第一阶段：对于形式 2 的第一阶段,中继节点 R_0 接收数据时的信干噪比表示为

$$\gamma_{\mathrm{SR},f} = \frac{P_t g_{\mathrm{SR}} r_{\mathrm{SR},f}^{-\alpha}}{I_{\mathrm{SR}} + g_{\mathrm{SI}} P_t + N_0 w_2} \qquad (5\text{-}16)$$

其中,g_{SR} 表示内容提供者 CP_0 与中继节点 R_0 之间的信道增益,假设服从 $g_{\mathrm{SR}} \sim \exp(1)$。$g_{\mathrm{SI}}$ 代表中继节点 R_0 处执行自消除后的残余自干扰链路增益,假设服从 $g_{\mathrm{SI}} \sim \exp(1/\sigma_{\mathrm{SI}}^2)$,其中 $1/\sigma_{\mathrm{SI}}^2$ 表示自干扰消除能力,例如,$\sigma_{\mathrm{SI}}^2 = -70$ dB 表示自干扰消除技术可将自干扰功率平均下降 70 dB。$r_{\mathrm{SR},f}$ 表示 CP_0 与 R_0 之间的距离,I_{SR}

表示其他同样活跃于形式 2 的内容提供者在中继节点 R_0 处产生的干扰功率总和,具体可以表示为

$$I_{\mathrm{SR}} = \sum_{i \in \Phi_2 \backslash \mathrm{CP}_0 \& R_0} P_t g_{\mathrm{SR},i} r_{\mathrm{SR},i}^{-a} \qquad (5\text{-}17)$$

由此,形式 2 中第一阶段的条件成功传输概率 $\Pr(\gamma_{\mathrm{SR},f} \geqslant \gamma_2 \mid r_{\mathrm{SD},f})$ 表示为

$$\Pr(\gamma_{\mathrm{SR},f} \geqslant \gamma_2 \mid r_{\mathrm{SD},f}) = \Pr\left(\frac{P_t g_{\mathrm{SR}} r_{\mathrm{SR},f}^{-a}}{I_{\mathrm{SR}} + g_{\mathrm{SI}} P_t + N_0 w_2} \geqslant \gamma_2 \mid r_{\mathrm{SD},f} \right)$$
$$(5\text{-}18\mathrm{a})$$

$$\approx \Pr(g_{\mathrm{SR}} - r_{\mathrm{SR},f}^a \gamma_2 g_{\mathrm{SI}} \geqslant P_t^{-1} r_{\mathrm{SR},f}^a \gamma_2 I_{\mathrm{SR}})$$
$$(5\text{-}18\mathrm{b})$$

$$= \mathbb{E}_{I_{\mathrm{SR}}} \left[\frac{1}{1 + \sigma_{\mathrm{SI}}^2 r_{\mathrm{SR},f}^a \gamma_2} \exp(- P_t^{-1} r_{\mathrm{SR},f}^a \gamma_2 I_{\mathrm{SR}}) \right]$$
$$(5\text{-}18\mathrm{c})$$

$$= \frac{1}{1 + \sigma_{\mathrm{SI}}^2 r_{\mathrm{SR},f}^a \gamma_2} \mathcal{L}_{I_{\mathrm{SR}}} (P_t^{-1} r_{\mathrm{SR},f}^a \gamma_2) \qquad (5\text{-}18\mathrm{d})$$

其中,式(5-18b)考虑到了 D2D 缓存网络中节点的密集部署导致无线传播环境干扰受限而得出,式(5-18c)可根据组合随机变量 $Z \triangleq g_{\mathrm{SR}} + X$ 的概率分布特性推导出,详细证明过程在此不做过多赘述。以进一步推导可得,式(5-18d)中的拉普拉斯变换可以表示为

$$\mathcal{L}_{I_{\mathrm{SR}}}(s) = \mathbb{E}_{\Phi_2, g_{\mathrm{SR},i}} \left[\exp\left(- s \sum_{i \in \Phi_2 \backslash \mathrm{CP}_0 \& R_0} P_t g_{\mathrm{SR},i} r_{\mathrm{SR},i}^{-a} \right) \right] \quad (5\text{-}19\mathrm{a})$$

$$= \exp\left\{ - 4\pi^2 \lambda_r S_2 (sP_t)^{\frac{2}{a}} \csc\left(\frac{2\pi}{\alpha}\right) \alpha^{-1} \right\} \qquad (5\text{-}19\mathrm{b})$$

由此可得,形式 2 的协作传输中第一阶段的条件成功传输概率 $\Pr(\gamma_{\mathrm{SR},f} \geqslant \gamma_2 \mid r_{\mathrm{SD},f})$ 闭式近似表达式为

$$\Pr(\gamma_{\mathrm{SR},f} \geqslant \gamma_2 \mid r_{\mathrm{SD},f}) \approx \frac{1}{1 + \sigma_{\mathrm{SI}}^2 r_{\mathrm{SR},f}^a \gamma_2} \exp\{- 4\pi^2 \lambda_r S_2 \gamma_2^{\frac{2}{a}} \csc\left(\frac{2\pi}{\alpha}\right) \alpha^{-1} r_{\mathrm{SR},f}^2\}$$
$$(5\text{-}20)$$

第二阶段：对于形式 2 的第二阶段，典型内容请求者 CR_0 接收数据时的信干噪比为

$$\gamma_{RD,f} = \frac{P_t g_{RD} r_{RD,f}^{-\alpha}}{I_{RD} + N_0 w_2} \tag{5-21}$$

其中，g_{RD} 表示中继节点 R_0 与内容请求者 CR_0 之间的信道增益，假设服从 $g_{RD} \sim \exp(1)$ 分布。$r_{RD,f}$ 表示 R_0 与 CR_0 之间的距离，I_{RD} 表示其他同样活跃于形式 2 的内容提供者在中继节点 R_0 处产生的干扰功率总和，具体表示为

$$I_{RD} = \sum_{i \in \Phi_2 \backslash CP_0 \& R_0} P_t g_{RD,i} r_{RD,i}^{-\alpha} \tag{5-22}$$

其中，$g_{RD,i}$ 表示第 i 个活跃节点与内容请求者 CR_0 之间的信道增益，假设服从 $g_{RD,i} \sim \exp(1)$ 分布。$r_{RD,i}$ 表示 i 与 CR_0 之间的距离。与式(5-18)类似，形式 2 的第二阶段的条件成功传输概率 $\Pr(\gamma_{RD,f} \geqslant \gamma_2 \mid r_{SD,f})$ 的闭式表达式为

$$\Pr(\gamma_{RD,f} \geqslant \gamma_2 \mid r_{SD,f}) = \Pr\left(\frac{P_t g_{RD} r_{RD,f}^{-\alpha}}{I_{RD} + N_0 w_2} \geqslant \gamma_2 \mid r_{SD,f}\right) \tag{5-23a}$$

$$\approx \Pr(g_{RD} \geqslant P_t^{-1} r_{RD,f}^{\alpha} \gamma_2 I_{RD}) \tag{5-23b}$$

$$= \mathbb{E}_{I_{RD}}\left[\exp(-P_t^{-1} r_{RD,f}^{\alpha} \gamma_2 I_{RD})\right] \tag{5-23c}$$

$$= \mathcal{L}_{I_{RD}}(P_t^{-1} r_{RD,f}^{\alpha} \gamma_2) \tag{5-23d}$$

推导可得，I_{RD} 的拉普拉斯变换可以表示为

$$\mathcal{L}_{I_{RD}}(s) = \mathbb{E}_{\Phi_2, g_{RD,i}}\left[\exp\left(-s \sum_{i \in \Phi_2 \backslash CP_0 \& R_0} P_t g_{RD,i} r_{RD,i}^{-\alpha}\right)\right] \tag{5-24a}$$

$$= \exp\left\{-4\pi^2 \lambda_r S_2 (sP_t)^{\frac{2}{\alpha}} \csc\left(\frac{2\pi}{\alpha}\right)\alpha^{-1}\right\} \tag{5-24b}$$

由此，形式 2 的第二阶段的条件成功传输概率 $\Pr(\gamma_{RD,f} \geqslant \gamma_2 \mid r_{SD,f})$ 的闭式近似表达式为

$$\Pr(\gamma_{RD,f} \geqslant \gamma_2 \mid r_{SD,f}) \approx \exp\left\{-4\pi^2 \lambda_r S_2 \gamma_2^{\frac{2}{\alpha}} \csc\left(\frac{2\pi}{\alpha}\right)\alpha^{-1} r_{RD,f}^2\right\}$$

$$\tag{5-25}$$

当形式 2 中存在不止一个合格的 UE 时,需要选取某个 UE 作为中继节点。此处我们考察在最差的情况下,D2D 缓存网络的数据卸载性能,这种最差情况指的是中继节点与内容提供者和内容请求者的距离同时达到最大,即 $r_{SR,f}=r_{RD,f}=s_0$,对应于图 5-2 中阴影区域 Q 中的 A、B 两点。由此,在这样的最差情况下,通过形式 2 文件 f 的成功传输概率为

$$D_{2,f}=r_{SD,f}\left[\Pr(\gamma_{2,f}\geqslant\gamma_2\,|\,r_{SD,f})\right] \tag{5-26a}$$

$$=r_{SD,f}\left[\Pr(\gamma_{SR,f}\geqslant\gamma_2\,|\,r_{SD,f})\Pr(\gamma_{RD,f}\geqslant\gamma_2\,|\,r_{SD,f})\right] \tag{5-26b}$$

$$=\frac{e^{-8\pi^2\lambda_r S_2\gamma_2^{\frac{2}{\alpha}}\csc\left(\frac{2\pi}{\alpha}\right)\alpha^{-1}s_0^2}}{1+\sigma_{SI}^2 s_0^\alpha\gamma_2} \tag{5-26c}$$

最后,将式(5-4)、(5-7)、(5-13)、(5-26c)代入式(5-2)可得,整个 D2D 缓存网络的命中率的近似表达为

$$\rho\approx\sum_{f=1}^{F}p_f\pi q_f\lambda_p\left(\frac{1-e^{-As_0^2}}{A}+\frac{e^{-Bs_0^2}}{1+\sigma_{SI}^2 s_0^\alpha\gamma_2}\int_{s_0}^{2S_0}(1-e^{-\lambda_0|Q|})2re^{-\pi q_f\lambda_p r^2}dr\right) \tag{5-27}$$

其中,

$$A=2\pi^2\lambda_r S_1\gamma_1^{\frac{2}{\alpha}}\csc\left(\frac{2\pi}{\alpha}\right)\alpha^{-1}+\pi q_f\lambda_p \tag{5-28}$$

$$B=8\pi^2\lambda_r S_2\gamma_2^{\frac{2}{\alpha}}\csc\left(\frac{2\pi}{\alpha}\right)\alpha^{-1} \tag{5-29}$$

$$|Q|=2s_0^2\arccos\left(\frac{r}{2s_0}\right)-\frac{1}{2}r\sqrt{4s_0^2-r^2} \tag{5-30}$$

5.3.4 仿真结果

本节评估基于 CCFD 的内容接入技术对缓存网络的数据卸载性能的影响。在无特殊说明情况下,仿真环境的基本设置为:

D2D 缓存网络中 UE 的分布密度 $\lambda_0 = 10^3$ 节点/km^2,其中内容请求者和内容提供者的划分因子 $\delta = 0.5$,无线传播环境的路径损耗因子 $\alpha = 3.7$。D2D 缓存网络的总带宽 $W_0 = 20$ MHz,其中形式 1 和形式 2 的带宽划分因子 $\theta = 0.2$。每个 UE 的发射功率均为 $P_t = 0.2$W,内容感知范围的半径 $s_0 = 50$ m。当 UE 工作于 CCFD 模式时,自干扰消除能力为 $1/\sigma_{SI}^2 = 70$ dB。考虑一个文件总数为 $F = 50$ 的文件库,每个内容提供者可以提前预存 $N = 5$ 个文件。整个缓存网络对应同一个文件流行度分布,式(5-1)中对应的 Zipf 分布系数 $\varepsilon = 0.7$。每个 UE 接收请求文件的速率阈值为 $R_0 = 100$ kbps。

仿真考虑两种文件缓存策略:一种是 FPRC 策略,每个文件被缓存的概率与文件流行度成正比;另一种是 URC 策略,每个文件被缓存的概率相等。

图 5-3 展示了不同内容接入技术下自干扰消除能力 $1/\sigma_{SI}^2$ 对命中率的影响。作为对比,考虑一个基于半双工的内容接入技术,其内容感知和内容传输依赖于半双工协作。此外,图 5-3 还考虑了无中继协作的情况。如图 5-3 所示,在自干扰消除能力 $1/\sigma_{SI}^2$ 的范围内(20～70 dB),本章提出的 CCFD 内容接入技术相比其他两种内容接入技术的性能优势很明显。然而,当自干扰消除能力 $1/\sigma_{SI}^2$ 低于 20 dB 时,所提技术的性能被半双工内容接入技术超过,但仍能优于无中继协作的情况。须知,对 CCFD 内容接入技术节点而言,保持自干扰消除能力 $1/\sigma_{SI}^2$ 在 20 dB 以上时有较高的可行性。此外,图 5-3 显示,相比于采用 FPRC 策略时的性能,采用 URC 策略时,所有内容接入技术的性能均大大降低。由此可见,缓存策略的设定对发挥内容接入技术的优势至关重要。

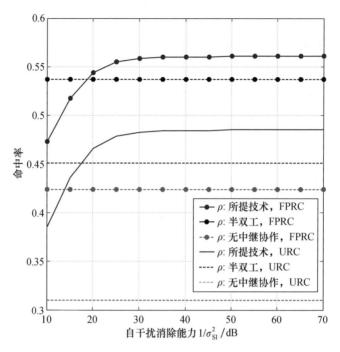

图 5-3　不同技术下自干扰消除能力对命中率的影响

此外,图 5-4 比较了不同技术下缓存文件的个数 N 对命中率的影响,仿真条件设置为 $s_0 = 50\text{ m}$ 并采用 FPRC 策略。可以看到,当 N 增大时,命中率均显著提升。同时,所提技术优于无中继协作的情况,但随着 N 值增大,两种技术之间的性能差距逐渐缩小。然而,考虑到 D2D 缓存网络的实际情况,终端设备的缓存空间极其有限,所提技术相比于无中继协作的性能优势非常明显。

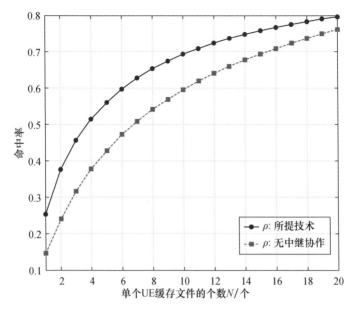

图 5-4　不同技术下缓存文件的个数对命中率的影响

　　以上结果表明,针对静态场景中由于缓存节点通信范围有限而使内容共享受限这一问题,可以利用 CCFD 通信促进 D2D 缓存网络中的内容感知与内容传输。即使在 CCFD 自干扰消除能力有限的情况下,所提技术依然能达到比现有技术更好的数据卸载性能。

第六章　CCFD 组网解决方案

移动通信系统中 CCFD 组网具有极大的挑战性。一个 CCFD 节点的发射机信号不仅是本节点的 SI,而且通过空中接口可能扩散至其他正在通信的多个 CCFD 接收机处。因此,传统点对点通信的 SI 会转变为一个点对多个点的相互干扰,即:单节点的 SI 扩展为系统内部的相互干扰。为区分之前的点对点通信系统中的 SI,本书称这种扩展后的 SI 为 DI。

本章针对 CCFD 组网产生的 DI,提出了一种基于传统蜂窝移动通信系统的解决方案和一种无定形小区模型下的解决方案。前者介绍了系统设计和 CCFD 硬件原型演示,而后者提供了仿真结果。

6.1　DI 的分析

为了解决 CCFD 组网的问题,我们首先对比 HD 系统和 CCFD 系统的干扰。

6.1.1　HD 系统中的主要干扰

自从 3G 的 CDMA 系统出现以来,蜂窝移动通信系统采用同频覆盖所有小区[1]。而蜂窝小区抗干扰主要是依靠信道编码的方法。这里主要关注同频覆盖的蜂窝小区之间的干扰,并作为分析 CCFD 组网的 DI 问题的基础。

图 6-1 描述了在同频覆盖情况下,HD 系统中两个蜂窝小区之间的干扰。假设:小区 1 中基站 A_1 与本小区多个移动终端 $a_1, a_2, \cdots, a_n$ 通信,它的一个相邻小区中基站 B_1 与其小区多个移动终端 $b_1, b_2, \cdots, b_n$ 通信。在小区基站采用全向发射和接收天线,并且每个小区内部用户使用正交多址接入方法的情况下,则可以忽略小区内多用户之间的干扰。在这种情况下,无论 FDD

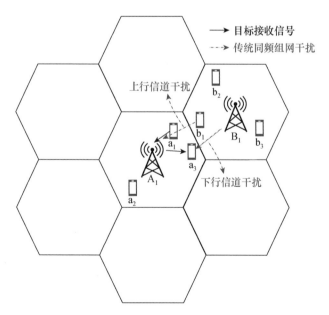

图 6-1　传统同频组网系统干扰示意

系统还是 TDD 系统,它们的主要干扰属于小区之间的干扰:观察 A_1 的上行信道可以发现,它在接收本小区移动终端信号时会遭受到相邻小区移动终端发射信号的干扰。一个典型的例子是,当基站 A_1 在接收移动终端 a_1 发射的信号时,将受到位于相邻小区边缘的移动终端 b_1 发射信号的干扰,它属于小区间上行信道干扰之一。观察 A_1 下行信道时可以发现,当处于小区边缘的移动终端 a_3 在接收信号时,遭受到相邻小区基站 B_1 发射信号的干扰。

上述两种干扰主要产生于小区边缘用户信号的发射和接收。因此,同频覆盖下,HD 系统干扰是小区之间的干扰,并且主要集中于小区边缘用户。

笔者认为迄今为止,抵抗小区之间干扰的最好方法仍然是 CDMA 系统。该系统利用扰码,配合限定码信道个数的方法,保持了小区边界稳定的信干噪比。它不但保障了小区边缘用户的抗干扰能力,而且使得同频组网易于实现。正是如此,3G 的 CDMA 系统保障了用户跨越小区时较高的通话质量,其性能仍然超过 4G 和 5G。

6.1.2 同频组网中的 DI

将 CCFD 应用于同频组网中,导致了一些附加干扰,我们称之为 DI。

DI 主要表现在系统的上行信道:由于 CCFD 组网中基站处于同频同时信号发射和接收状态,基站在遭受到相邻小区干扰的基础上,附加了相邻基站的干扰。图 6-2 给出了一个典型的例子:当基站 A_1 在接收本小区移动终端发射的信号时,它的接收机除了受到自己发射机的干扰(即:点对点自干扰)外,还遭受基站 B_1 发射信号的干扰。通常情况下基站 B_1 的发射功率较大,使得基

站 A_1 遭受到来自它的 DI 远远大于接收到本小区边缘移动终端发射的有用信号功率。在上行信道中 DI 表现为 B2B 干扰。

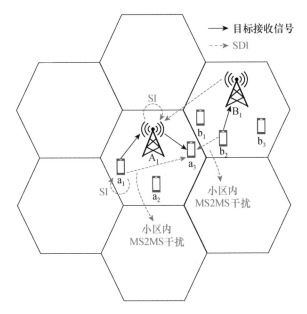

图 6-2　CCFD 组网 SDI 示意

　　而在下行信道中,每个 CCFD 移动终端在接收本小区基站信号时,它除了受到 CCFD 节点的 SI(即:点对点自干扰),还可能受到本小区和相邻小区移动终端发射信号的干扰。图 6-2 描述了移动终端 a_3 在接收基站 A_1 下行信号时,可能遭受到相邻小区移动终端 b_1 的干扰[2]。

6.2　蜂窝移动通信系统框架下组网原型系统

　　本节介绍一种基于蜂窝小区的 CCFD 组网方法以及开发的原型系统[3]。

91

在 CCFD 组网中，上行信道中 DI 尤为严重，多数情况下 B2B 干扰功率甚至高于本小区边缘用户信号功率 30 dB。图 6-3 中箭头标注了一个小区遭受周边 6 个小区 B2B 干扰的情况。

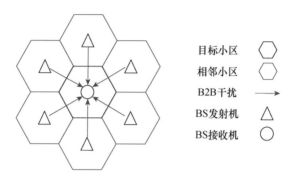

图 6-3　**B2B 干扰示意**

如图 6-4 所示，解决 B2B 干扰方案分为两个步骤：

步骤一：把基站发射机和接收机的天线在空间上分离，其中基站发射机天线放置在小区中心，多个接收机天线分布在小区的其他区域；

步骤二：每个基站接收机天线采用阵列天线，利用自适应算法实现波束成形。

将基站发射机天线与接收机天线分离的目的是，利用信号路径损耗降低本小区基站发射机对其接收机的干扰。接收机天线采用阵列天线的目的如下：

（1）利用阵列形成波束的多个零点抑制本小区和相邻小区 B2B 的干扰。

（2）提高接收增益，由此降低 CCFD 移动终端的信号发射功率，减轻 SI 消除负担。

　　另外,一个小区使用多个接收机天线阵列的目的是,防止有本小区上行用户恰好处于本小区基站接收机天线阵列的波束零点方向,因而无法接收移动终端的信号。

　　图 6-4 表示接收机天线阵列同时抑制 7 个基站干扰的示意图,其中 CCFD 组网的基站使用了 3 个接收机天线阵列,每个接收机天线阵列阵元数大于 7,并且每个阵列形成的波束零点对准 7 个基站,以消除它们之间的干扰。接收机天线阵列的波瓣用于接收移动终端的信号。需要特别指出的是,在抑制 B2B 干扰的同时,还可以利用其指向性提高接收移动终端信号的增益[4]。

　　一般而言使用 N 根天线的阵元可以抑制来自 $N-1$ 个不同小区的干扰。如果抑制 19 个小区干扰,则天线阵列至少需要包含 20 根天线。

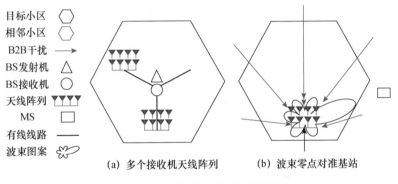

目标小区
相邻小区
B2B干扰
BS发射机
BS接收机
天线阵列
MS
有线线路
波束图案

(a) 多个接收机天线阵列　　　(b) 波束零点对准基站

图 6-4　天线阵列抑制基站干扰示意

　　下行信道解决方案中,系统采用了 CCFD 移动终端自行解决自干扰的策略,而通过调度的方法抑制移动终端之间的干扰(Mobil Station to Mobil Station,M2M)。

　　为了验证上述解决方案,我们完成了两个小区同频覆盖的CCFD 硬件原型演示,其中每个小区基站的发射机采用一根天线,并将它们设置在各自小区中心,而小区基站接收机天线阵列由 4 根阵元组成,每个小区覆盖半径为 15 m。

系统的通信格式和信令基于 IEEE 802.11a 协议,但对导频序列时序进行了修改。基站和移动终端信号处理基于 AD9361 和 ZC706 处理器,并结合计算机进行视频流动演示。原型系统如图 6-5 所示,其中 BS1 TX 和 BS2 TX 分别表示小区 1 和小区 2 的发射机天线,BS1 RX 和 BS2 RX 分别表示小区 1 和小区 2 的接收机天线阵列。系统的两个 CCFD 基站在频率为 2.4GHz 的同一个频点上同时发送下行信号,它们的接收机通过天线阵列同时接收上行信号。系统的射频带宽为 20MHz,信号调制为 QPSK。另外,在小区 1,有一个 CCFD 移动终端在接收 BS1 TX 信号的同时,也发射信号至 BS1 RX。小区 1 的双向视频通信显示在 PC 屏幕上。实验结果证明,系统能够支持 CCFD 移动终端的低速移动,EVM 约为 5%。

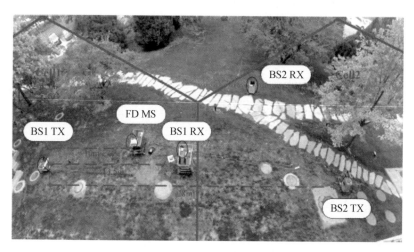

图 6-5   CCFD 硬件原型演示场地

CCFD 硬件原型演示系统的硬件结构如图 6-6 所示,其中移动终端天线由两根放置在同一直线上的鞭式天线组成,天线尺寸小于 20 cm,基站接收机采用 4 根天线组成的天线阵列,通过自适应算法控制接收波束。

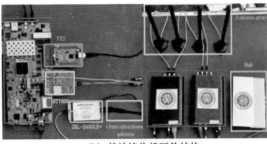

<table>
<tr><td>(a) FD MS 硬件结构</td><td>(b) 基站接收机硬件结构</td></tr>
</table>

图 6-6　CCFD 硬件原型演示系统的结构

对 CCFD 硬件原型演示系统进行了双向视频通信的现场实验,测试在 FD MS 和 BS1 RX 的 PC 屏幕上,根据接收信号,高质量地还原了原始视频,如图 6-7 所示。实验结果成功地实现了 CCFD 的功能。

<table>
<tr><td>FD MS 端视频演示</td><td>BS1 RX 端视频演示</td></tr>
</table>

图 6-7　FD MS 和 BS1 RX 端视频演示截图

6.3 无小区 CCFD 系统

为克服传统的蜂窝移动通信系统中的小区间干扰,近年来出现了一种新型网络系统——无小区(Cell Free, CF)系统[5]。该系统包含大面积分布的海量 RAU,它们在同一时间/带宽内为大量终端用户提供服务。该系统内没有小区,所有的 RAU 一致地服务于所有的终端用户。

为减少 CCFD 组网中的 SDI,参考文献[6]提出 CF 大规模 MIMO 的 NAFD 系统,如图 6-8 所示。对于 CF 系统大规模 MIMO, CPU 对上行信号和下行信号进行集中处理,CPU 能够提前获取

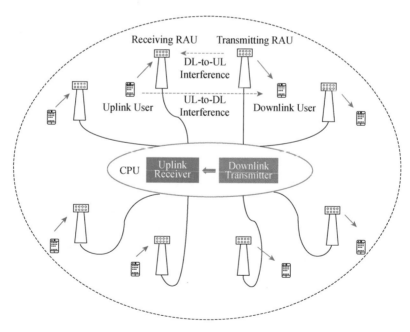

图 6-8　CF 大规模 MIMO 的 NAFD 系统

所有下行 UE 预编码后的信号,因此,在数字域可以抑制下行信号对上行信号的干扰。全双工 CF 系统中每个 RAU 的工作模式可以是半双工或是 CCFD,通过联合调度处理,有效抑制上下行链路之间的干扰。因此,CF 大规模 MIMO 的 NAFD 系统能够实现真正灵活的双工网络,高效利用 UL/DL 信号资源。

全双工 CF 系统中的双工干扰可进行如下建模,假设上行链路传输时 RAU 数量为 N_U,下行链路传输时 RAU 数量为 N_D,每个 RAU 配备的天线数量均为 M,上行和下行 UE 均为单天线,其数量分别表示为 K_U、K_D。对于上行链路,CPU 接收的信号可以表示为

$$y_U = \sqrt{p_{U,i}}\, \boldsymbol{g}_{U,i} x_i + \sum_{k=1}^{K_U} \sqrt{p_{U,j}}\, \boldsymbol{g}_{U,j} x_j + \sum_{k=1}^{K_D} \boldsymbol{G}_I \boldsymbol{w}_k s_k + z_U$$

$$(6\text{-}1)$$

其中,$p_{U,i}$ 为第 i 个上行 UE 的发射功率,$\boldsymbol{g}_{U,i} = [\boldsymbol{g}_{U,i,1}^T, \cdots, \boldsymbol{g}_{U,i,N_U}^T]^T \in \mathbb{C}^{MN_U \times 1}$,$\boldsymbol{g}_{U,i,n} \in \mathbb{C}^{M \times 1}$ 为第 i 个 UE 与第 n 个接收 RAU 之间的信道向量,x_i 表示发射给第 i 个 UE 的数据符号。上下行链路同时传输会导致上下行链路之间的干扰,令 $\boldsymbol{G}_I = [\boldsymbol{g}_{I,1}, \cdots, \boldsymbol{g}_{I,MN_{D'}}]$ 表示发射 RAU 到接收 RAU 之间的准静态信道,$\boldsymbol{g}_{I,i} = [\boldsymbol{g}_{I,i,1}^T, \cdots, \boldsymbol{g}_{I,i,N_U}^T]^T$,$\boldsymbol{g}_{I,i,j} \in \mathbb{C}^{M \times 1}$ 为发射 RAU 的第 i 根天线到接收 RAU 的第 j 根天线间的信道向量,$\boldsymbol{w}_k \in \mathbb{C}^{MN_D \times 1}$ 为发射 RAU 到第 k 个 UE 的预编码向量,s_k 为发射给第 k 个下行 UE 的数据符号。$z_U \sim \mathcal{CN}(0, \sigma_U^2 \boldsymbol{I}_{MN_U})$ 为复高斯向量。

对于下行链路,第 k 个 UE 的接收信号可以表示为

$$y_{D,k} = \boldsymbol{g}_{D,k}^H \boldsymbol{w}_k s_k + \sum_{j=1, j\neq k}^{K_D} \boldsymbol{g}_{D,k}^H \boldsymbol{w}_j s_j + \sum_{i=1}^{K_U} \sqrt{p_{U,i}}\, u_{k,i} x_i + z_{D,k}$$

$$(6\text{-}2)$$

其中，$g_{D,k}^{H} = [g_{D,k,1}^{H}, \cdots, g_{D,k,N_D}^{H}] \in \mathbb{C}^{1 \times MN_D}$，$g_{D,k,n}^{H} \in \mathbb{C}^{1 \times M}$ 为第 n 个发射 RAU 与第 k 个 UE 之间的信道向量，$u_{k,i}$ 表示第 i 个上行 UE 对第 k 个下行 UE 的上行链路对下行链路的干扰。

对于下行链路对上行链路的干扰，通过迫零（ZF）预编码可以消除，之后采用最小均方误差等方式进行联合检测；对于上行链路对下行链路的干扰，可以通过合理设计联合调度策略使干扰信号得到有效抑制。研究表明[7]，为了提高全双工系统的下行链路性能，上行链路对下行链路的干扰要么足够小，要么足够大，以便下行链路的 UE 能够进行干扰消除。对于第二种情况，当第 i 个上行 UE 与第 k 个下行 UE 之间的信道容量不小于第 i 个上行 UE 的数据传输率时，第 k 个下行 UE 可以消除来自第 i 个上行 UE 的干扰。可以通过合理的 UE 调度算法使得干扰信号满足这两个条件之一。

为直观展示 NAFD 系统的优越性，参考文献[6]仿真对比了 NAFD 与 CCFD 系统的频谱效率，其中 CCFD 系统包括 CCFD 大规模 MIMO 系统和 CCFD 集中化无线接入网（C-RAN）系统。考虑一个半径为 $R = 1$ km 的圆形区域，所有用户随机分布在该区域内。用户到 RAU 的最小距离设为 $r_0 = 30$ m。接收 RAU 和发射 RAU 交替放置在 NAFD 系统半径 $r = 500$ m 的圆上，同时，在 CCFD 大规模 MIMO 系统中，所有的 RAU 都位于该区域的中心；在 CCFD C-RAN 系统中，一个接收 RAU 和一个发射 RAU 配对并位于同一个位置。图 6-9 描述了三种不同系统的 RAU 的部署。在 CCFD 系统中，发射 RAU 的第 k 根天线与接收 RAU 的第 i 根天线位于同一位置，它们的自干扰建模为满足 $CN(0, \sigma_{SI}^2)$ 的独立同分布随机变量。

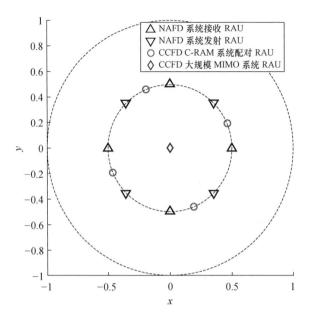

图 6-9　三种不同系统的 RAU 的部署

图 6-10 描述了 NAFD 系统、CCFD C-RAN 系统和 CCFD 大规模 MIMO 系统中，采用下行 ZF 预编码器和上行最小均方误差接收机时，系统频谱效率与每个 RAU 配备的天线数量的关系。可以看出，在 NAFD、CCFD C-RAN 和 CCFD 大规模 MIMO 系统中，频谱效率均随着天线数量的增加而提高，此外，NAFD 系统比 CCFD 大规模 MIMO 系统和 CCFD C-RAN 系统具有更高的频谱效率。这与 NAFD 和 CCFD 之间的相对性能类似于分布式 MIMO 和共址 MIMO 之间的相对性能这一理论是一致的。由于 RAU 被放置在更有利的位置，分布式天线可以获得额外的功率增益和宏分集。此外，CCFD 大规模 MIMO 的频谱效率很低，这是因为该场景下所有的 RAU 都位于区域中心，导致小区边缘用户的信号质量很差。

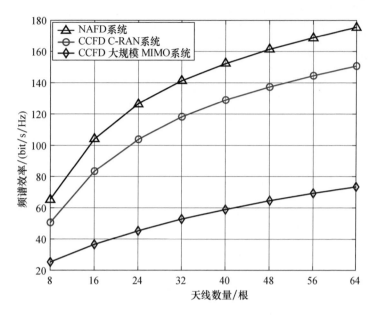

图 6-10　频谱效率与天线数量的关系

第七章　CCFD 低轨卫星设计

  1945 年, Arthur C. Clarke 创造性地提出了在赤道轨道上放置 3 颗地球同步卫星,以实现全球通信覆盖的构想。从此开启了人类探索卫星通信的工程[1]。这个伟大的构想于 1957 年在第一颗人造地球卫星升空后得到了初步验证[2],它构造了卫星通信的基础设施。至 1962 年,英国、美国和加拿大组建了国际卫星通信行业组织,随后众多西欧国家、澳大利亚和日本参加了这个组织,并形成了早期技术和服务的商讨机制[3]。时至今日,发射卫星的目的不限于通信,还包括探测资源、预测天气和科学实验等。

  按照卫星运行轨道,可以将其分为地球同步轨道(GEO)、中轨(MEO)和低轨(LEO)卫星。地球的外太空存在两个富含高能粒子流的范艾伦辐射带,其中内范艾伦辐射带在距离地球表面 1500～5000 km 范围内,而外范艾伦辐射带在距离地球表面 13 000～20 000 km 范围内。设计卫星轨道高度时需要避开这两个范艾伦辐射带,GEO 卫星位于外范艾伦辐射带之外,MEO 卫星位于两个范艾伦辐射带之间,而 LEO 卫星位于内范艾伦辐射带以内[4]。

GEO、MEO 和 LEO 卫星星座与两个范艾伦辐射带之间的关系（从赤道平面观察），如图 7-1 所示。

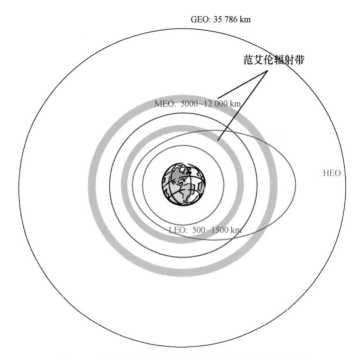

图 7-1　卫星星座与两个范艾伦辐射带之间的关系

　　GEO 卫星位于地球赤道上空 35 786 km,其运转周期与地球自转周期相同。3 颗 GEO 卫星就可实现全球覆盖,同时由于GEO 卫星相对地面静止,系统设计也相对简单,因此成为多路广播的理想选择[5],然而较高的轨道意味着较长的路径传输延迟(250~280 ms),使得 GEO 卫星通信系统不太适合提供语音和视频等实时业务服务。而较大的路径传输损耗又要求用户终端具有高发射功率及大型接收天线,因此不利于用户终端小型化,难以实现个人移动通信。另外较高的轨道也意味着需要较多的发射费用。尽管如此,早期商用的卫星通信系统大多采用的是 GEO 卫星。

LEO 卫星的轨道高度在 500～1500 km 范围内,运转周期为 1.5～2 h,大约需要几十甚至几百颗 LEO 卫星才能实现全球覆盖。LEO 卫星通信系统中典型的路径传输延迟为 6～70 ms,这取决于星座和星际链路的选择以及地球用户终端的位置[6]。LEO 卫星的短路径传输延迟特别适合于实时业务,同时路径传输损耗小有利于用户终端的小型化,但 LEO 卫星通信系统要求用户终端与卫星之间在短时间内频繁地进行切换,还需要依赖于相邻卫星间的星际链路来增加覆盖,另外还要考虑多普勒(Doppler)频移的影响,这些都增加了 LEO 卫星通信系统设计的复杂度。随着卫星通信技术的发展,LEO 卫星通信系统已经成为当前发展的主流。

MEO 卫星的轨道高度在 5000～12 000 km 范围内,运转周期一般为 4～6 小时,典型的路径传输延迟为 110～130 ms,实现全球覆盖通常需要位于 2～3 个轨道平面上的 10～20 颗 MEO 卫星[7]。还有一些实现高纬度地区区域性覆盖的卫星通信系统采用了 HEO[8],其轨道高度为 1000～40 000 km,运行周期为 12～24 小时。由于 HEO 卫星相对于覆盖区域基本是静止的,其系统参数设计类似于 GEO 卫星通信系统。

表 7-1 对 LEO、MEO 和 GEO 卫星星座的特点进行了比较[4]。

表 7-1　不同卫星星座的特点对比

	LEO	MEO	GEO
卫星系统成本	高	低	中
卫星使用寿命/年	3～7	10～15	10～15
手持终端	可行	可行	非常困难
传输时延	短	中	长

续表

	LEO	MEO	GEO
传输损耗	低	中	高
网络复杂度	高	中	低
切换频率	高	中	不需要切换
发展周期	长	短	长
卫星可视时间	短	中	保持直视

在卫星通信发展的早期,大多数的卫星通信系统都采用了 C 频段(4～8 GHz)。但是为了提供宽带多媒体和高速互联网接入业务,需要采用 Ku 频段(12～18 GHz)、K 频段(18～27 GHz)和 Ka 频段(27～40 GHz),甚至 V 频段(40～75 GHz,也称为 EHF 频段)。

卫星通信按照服务要求使用不同的电磁波波段,例如:高频(VHF)波段主要支持对地数据业务;L 和 S 波段主要支持地面移动通信业务;Ka 波段主要支持对地高速数据传输业务。一般而言,载波频率较高,支持的射频带宽比较大。卫星通信频带分配如图 7-2 所示[5]。表 7-2(a)(b)列出了卫星通信带频率范围和应用场景。

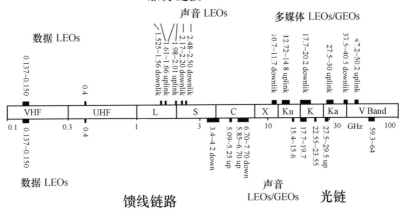

图 7-2　卫星通信频带分配(单位:GHz)

表 7-2　卫星通信频率范围和应用场景

频率范围(MHz)	应用场景
7～7.1;14～14.25;18.068～18.168;21～21.45;24.89～24.99;144～146;5839～5850	业余卫星通信
137～138;400.15～401;401～402;1525～1535;1535～1559;1675～1695;1695～1710;2200～2290;2483.5～2500;5010～5030;7250～7850;8400～8450;8450～8500;10700～12200;17800～20200	卫星与地面站通信
148～149.9;149.9～150.05;161.9625～161.9875;162.0125～162.0375;399.9～400.05;401～402;402～403;1610.6～1613.8;1626.5～1660;1660～1675;1761～1850;2000～2020;2025～2110;5150～5250;5850～7075;7900～8215;8215～8400;12700～13250;13750～14470;16600～17100;17700～17800	地面站与卫星通信
1164～1215;1215～1240;1300～1350;1559～1610;5000～5010;5010～5030	导航
2310～2345;12200～12700;17300～17700	广播卫星
1164～1215;1215～1240;1559～1610;2025～2110;2200～2290	卫星之间通信
1400～1427;2025～2110;2655～2700;3100～3300;5250～5460;5460～5570;7145～7235;8215～8400;8450～8500;8550～8650;9300～9500;10600～10700;14500～15350;16600～17100;17200～17300	地球探索和卫星研究

　　随着卫星通信服务需求迅速增长,卫星轨道和频谱资源日益匮乏,我们期待着 CCFD 成功地应用在卫星通信领域,它无疑将大大提高频谱效率,继而缓解目前频谱资源匮乏的现状。从长远来看,它将重新规划卫星通信上下行频段分配方式,并最终更加优化利用卫星通信的频谱资源。

7.1 低轨卫星轨道特征

根据万有引力定律,一个运动物体在引力的作用下,将按照一个椭圆轨道运行,其中引力中心是椭圆轨道的一个焦点。图 7-3 表示了一个低轨卫星的椭圆轨道,它包含了一个近地点和一个远地点。考虑到电磁波发射功率的限制,低轨卫星通信的地面站一般设置在轨道近地点附近的下方。

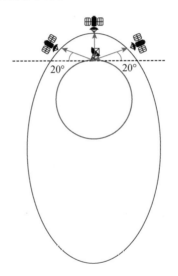

图 7-3　低轨卫星椭圆轨道

图 7-4 给出了低轨卫星与地面站通信距离的精确描述方式,其中 H 表示卫星近地点的海拔高度(下文简称为卫星轨道高度),SR(Slant Range)表示接收站与低轨卫星的直线距离(下文简称斜距),EI 表示俯仰角,R 表示地球半径,低轨卫星的运行轨道在地球上的投影为一曲线,将地面站到该曲线上的最近点称为 CPA 点,GR 表示地面站到 CPA 点的距离(下文简称地距)。

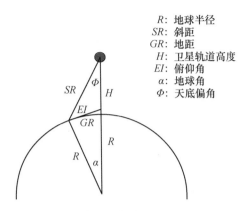

R: 地球半径
SR: 斜距
GR: 地距
H: 卫星轨道高度
EI: 俯仰角
α: 地球角
Φ: 天底偏角

图 7-4　低轨卫星与地面站的通信距离

图 7-5 给出了当卫星轨道高度 $H=600$ km 时, 低轨卫星与地面站俯仰角 EI 与地距 GR 的关系。其中当 $GR=0$ km 时, 代表低轨卫星沿运行轨道从地面站正上方经过, 此时最大俯仰角 $EI=90°$; 当 $GR=250$ km、500 km 和 750 km 时, 由于低轨卫星沿轨道运行距离地面站上方越来越远, 最大俯仰角 EI 也越来越小。从图中可以看出, 低轨卫星与地面站俯仰角随着低轨卫星离 CPA 点的距离增大而减小。

图 7-6 给出了一组低轨卫星的斜距 SR 与俯仰角 EI 的关系, 其中横坐标表示俯仰角 EI, 纵坐标表示斜距 SR, 斜距 SR 的计算公式如下

$$SR = R\cos(EI+90°) + (R^2(\cos(EI+90°))^2 + (R+H)^2 - R^2)^{0.5}$$

$$(7\text{-}1)$$

可以看出斜距随俯仰角的减小而增加, 同时卫星轨道高度越高, 斜距也越远。

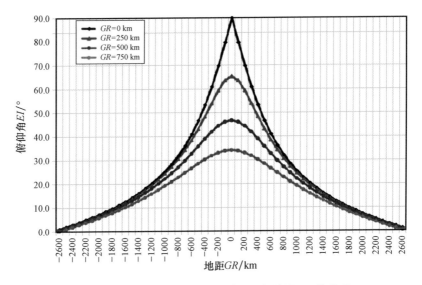

图 7-5　低轨卫星与地面站俯仰角 *EI* 与地距 *GR* 的关系

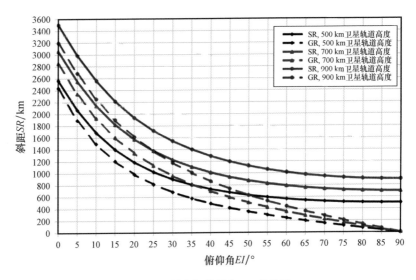

图 7-6　距离与俯仰角 *EI* 的关系

通常,我们采用电磁波的自由空间传播模型描述卫星通信信号传播,即:卫星与地面站之间通信信号的路径损耗与距离平方成反比。值得注意的是,当连接低轨卫星与地面站的几何直线接近于与地面平行时,即低轨卫星与地面站俯仰角接近 0°时,随之出现电磁波掠射效应,这更接近 2-Ray 模型[9]。此时,信号呈现与距离 4 次方成反比的路径损耗趋势。为了避免这种情况,在采用窄波束天线的情况下,俯仰角一般为 $-20°>\alpha>20°$ 左右。参照图 7-6 可以发现,卫星轨道高度为 500 km 时,通信最大距离大约在 1200 km。在这个范围内,低轨卫星经过它的可通信路程,而与地面站通信持续时间大约在 10 min 左右,其中卫星与地面站发射和接收功率的关系为

$$S_{GR} = P_T + AG_{SC} - ML - SL + AG_{GS} - PL \qquad (7\text{-}2)$$

其中,P_T 代表卫星发射功率,S_{GR} 代表地面站的接收功率,AG_{SC} 代表卫星天线朝向地面站方向的增益,AG_{GS} 代表地面站天线的增益,ML 代表调制损耗,SL 代表空间传输损耗,PL 代表地面站天线指向的损耗。

7.2　CCFD 在低轨卫星通信中的应用

本节介绍笔者截至目前的研究工作,计划在卫星轨道高度为 500 km 的低轨卫星实现 CCFD,设计的使用频点是 7.050 GHz。星载 CCFD 天线使用两个完全相同的椭圆微带极化天线分别应用于收发信号。卫星与地面站之间通信系统如图 7-7 所示,设计的星载 CCFD 天线增益为 12 dB,地面站天线的增益为 45 dB,CCFD 通信的最大俯仰角为 20°。

假设卫星天线和地面站天线同时对准的情况下,即:天线波主波瓣方向对准地面接收站位置的情况下,根据式(7-2)及图 7-6

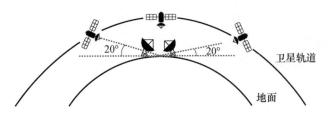

图 7-7　卫星与地面站之间通信系统示意

链路计算我们的卫星与地面站的发射功率均为 1.0W。其地面站接收功率的数值结果如图 7-8 所示,可以看到地面站接收功率随着地面站接收功率与斜距的关系增加而减小。其中地面站接收功率最低值为 -84.0 dBm,此时俯仰角为 20°的场景,满足地面站的最低接收功率限制。下面介绍星载 CCFD 天线的设计、仿真和实际测量结果以及自干扰分析测量方法。这个结果说明,星载 CCFD 需要消除 SI 的条件是发射机天线功率为 1W。

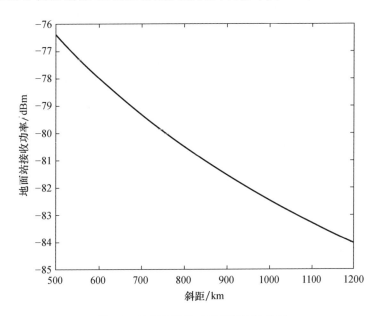

图 7-8　地面站接收功率与斜距的关系

7.2.1　星载 CCFD 天线的设计

这里介绍一下星载 CCFD 天线的设计。星载 CCFD 天线由两个完全相同的椭圆微带极化天线组成，一个用于发射信号，另一个用于接收信号，每个天线都是椭圆极化天线，它们由 V 极化阵元和 H 极化阵元组成，以实现各自椭圆极化偏振状态。微带天线设计如图 7-9 所示，其中微带天线阵列由 4 个 V 极化阵元和 4 个 H 极化阵元组成。阵元尺寸为 37.5 mm×37.5 mm，阵列尺寸为 75 mm×75 mm，天线增益为 12 dB。

图 7-9　微带天线设计的局部

7.2.2　星载 CCFD 天线的仿真

这里介绍一下星载 CCFD 天线的仿真结果，为了尽可能利用空间隔离对 CCFD 发射和接收天线自干扰信号的抑制，设计将两个天线布置在立方星的两个太阳能帆板远端的中心位置[10][11]，如图 7-10 所示，我们利用中间舱体对电磁波的隔离作用，抑制自干扰信号。图 7-11 给出了星载 CCFD 发射和接收天线的仿真结果,图中 x 轴平行于太阳能帆板。由于立方仓的影响,波束略偏离中心的位置。但是在垂直于太阳能帆板的方向上的增益仍然约为 12 dB。

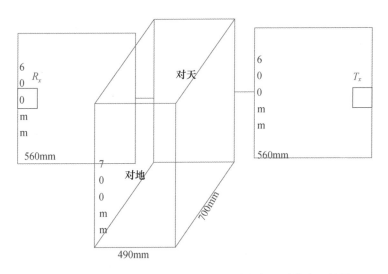

图 7-10   天线布置在立方星的两个太阳能帆板远端的中心位置

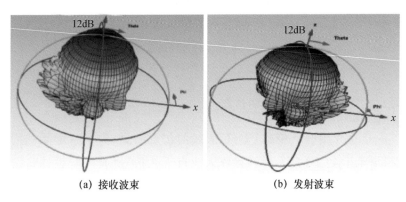

(a) 接收波束   (b) 发射波束

图 7-11   星载 CCFD 发射和接收天线的仿真结果

如图 7-12 所示,仿真结果表明,设计的星载 CCFD 收发天线间的自干扰隔离能力在频率为 7.050 GHz 附近时,大约为 140 dB。可以看到维持这一较高自干扰隔离能力的频率范围约为 6.8～7.4 GHz,这与相应波长、星体结构、天线结构有关。当偏离最佳设计频率点过远时,自干扰抑制能力明显下降。

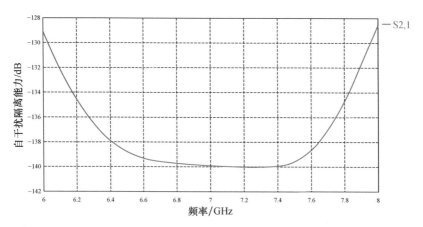

图 7-12　天线自干扰隔离能力与频率的关系仿真曲线

7.2.3　星载 CCFD 天线的实际测量结果

为实际测量星载 CCFD 天线自干扰抑制能力,实验在微波暗室展开。实际测量时,立方星星体模型包含的立方仓和太阳能帆板均由铝制材料制成,如图 7-13 所示,两个天线距离为 157 cm。

实际测量时,星载发射机和接收机工作频点在 7.050 GHz,工作带宽为 7 MHz,发射功率低于 1.0 W。信号调制支持 QPSK、BPSK,信道编码为 LDPC。此外,信号支持 1～128 随机码片的解扩方式。发射机、接收机和天线等总负载重量小于 10 kg。

113

图 7-13   实际测量的立方星星体模型

图 7-14 给出了实际测量时,在 7.050 GHz 的工作频点的椭圆微带极化天线辐射方向图,其中方向图垂直于太阳能帆板并且通过收发天线连接的平面。纵坐标为矢量网络分析仪输出的相对电平值,它反映辐射功率的相对大小;横坐标为夹角的角度。实测的相对电平值为 −46 dB,经过标准喇叭天线校准后,可得卫星与地面站通信时的增益为 12 dB。

利用矢量网络分析仪,测量收发天线间的自干扰隔离度,如图 7-15 所示。去除线路衰减后,计算得到微波暗室中实际测量的收发天线自干扰隔离度为 80 dB 左右。在天线安装垂直偏离为 5 cm 时,隔离度也几乎没有变化。相比图 7-12 的仿真结果,自干扰抑制能力下降,可能的因素有底噪功率水平较高、暗室存在反射和仿真对立方星的干扰隔离估计不够准确等。

在采用椭圆极化消除 CCFD 收发天线间自干扰的情况下,微波暗室内观测下,接收天线间未检测到自干扰,此结果表明自干扰在环境噪声下,隔离度达到 130 dB 以上。

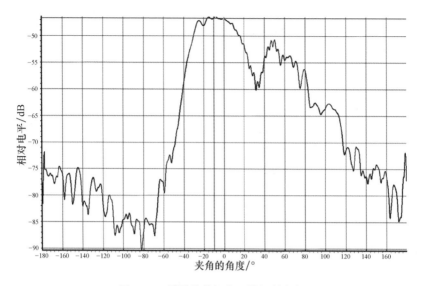

图 7-14　椭圆微带极化天线辐射方向

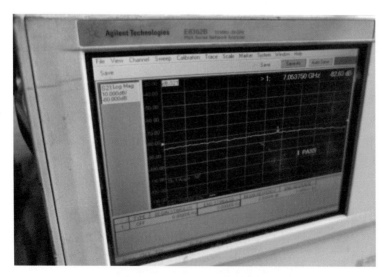

图 7-15　发射天线和接收天线间的自干扰隔离度

7.2.4　自干扰分析测量方法及结果

CCFD 收发天线间的自干扰是指在全双工发射机信号在接收机上的泄露,这种自干扰通常由于复杂的电路环境、天线和电缆等因素引起,其严重程度取决于多个因素,包括发射功率、接收灵敏度、频率偏移、传输距离和通信环境等。当自干扰较强时,会导致严重的接收机干扰和较高的误码率,因此需要采取措施来抑制自干扰。常见的方法包括使用信道隔离器、自干扰消除滤波器、自适应数字信号处理算法和空间分集等技术,以减少自干扰的影响。

测量残余自干扰的功率时,我们排除远端信号的影响,只测量残余自干扰功率和底噪功率之和。其中,底噪是指热噪声,它的功率谱密度为 -174 dBm/Hz。

信号的功率可以通过功率谱密度在一定频域内的积分获得,单位是 W。如果一个信号在频域内的功率谱密度是 $S(f)$,则该信号在频率 f 的平均功率 P 为

$$P = \int S(f)\mathrm{d}f \tag{7-3}$$

因此,功率谱密度可以看作是积分功率在频域的表示形式,而积分功率则是功率谱密度在时域的表示形式。需要注意的是,积分功率和功率谱密度的计算都必须使用平均能量。

而通信系统的增益也会增大接收的残余自干扰功率和底噪功率,如残余功率放大和低噪声放大。如果设系统链路的增益为 A,我们用 P_I 表示残余自干扰信号在系统链路输入时的功率值,则经过系统增益后的残余自干扰信号功率 P_s 表示为

$$P_s = AP_I \tag{7-4}$$

此时,针对底噪来说,令 P_n 表示底噪在系统链路的输入时的功率值。如果定义系统噪声系数为 R,那么经过系统链路增益后的信号底噪功率 P_N 可以表示为

$$P_N = ARP_n \tag{7-5}$$

则 CCFD 的残余自干扰功率值 P_r 表示为

$$P_r = P_N + P_s \tag{7-6}$$

如果设此全双工节点的发射功率为 P_a,考虑到系统链路的增益 A,则全双工通信的自干扰隔离能力 C 表示为

$$C = A \frac{P_a}{P_r} \tag{7-7}$$

实际测量全双工通信的自干扰隔离能力时,可利用矢量网络分析仪读取双全工通信时的发射功率与残余自干扰功率之比 S_{21},即

$$S_{21} = \frac{P_a}{P_r} \tag{7-8}$$

代入式(7-7),得到自干扰隔离能力 $C = AS_{21}$。

举例说明,如图 7-16 所示,针对 $7.025 \sim 7.075$ GHz 频段的全双工通信场景,全双工节点的收发天线自干扰隔离能力可以利用矢量网络分析仪测得。将矢量网络分析仪的 1 端口接入发射端电路,2 端口接入接收端电路,测量 S_{21} 的值可得各频点收发天线两端信号功率的差距平均在 105 dB 左右。再考虑系统链路损耗 $A = -15$ dB,可得自干扰隔离能力 $C = 90$ dB。

实际测量全双工通信的残余自干扰功率时,可直接利用频谱分析仪测量。需要注意的是,对于频谱分析仪测量得到的 FMCW 频谱,显示的功率值 P_{RBW} 为分辨率带宽(RBW)内接收到的信号功率总和。因此,残余自干扰功率 P_r 的功率谱密度表示为

$$S_r(f) = P_{RBW}(f) - 10\log(\text{RBW}) \tag{7-9}$$

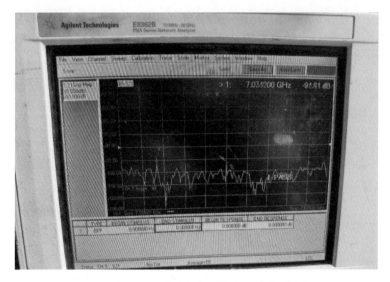

图 7-16　矢量网络分析仪测量自干扰隔离能力

全双工通信的残余功率可以积分得到

$$P_r = \int S_r(f) \mathrm{d}f \qquad (7\text{-}10)$$

举例说明,如图 7-17 所示,针对中心频点为 5.8 GHz,带宽为 20 MHz 的全双工通信场景,经过多级自干扰消除操作后的残余功率可通过频谱分析仪测得。将接收链路的信号作为频谱分析仪的输入,测量信号功率值可得各频点的残余功率。其中如图 7-17 所示,RBW=470 kHz,残余自干扰功率 P_r 的功率谱密度约为

$$S_r(f) = P_{\mathrm{RBW}}(f) - 56.7 \qquad (7\text{-}11)$$

根据式(7-11),残余功率谱密度在 -135 dBm/Hz 左右,接近该频谱分析仪底噪的功率谱密度为 -140 dBm/Hz,表明自干扰消除性能较高,残余信号几乎到了底噪水平。工作带宽内的

全双工通信的残余功率可以利用频谱分析仪自带的积分工具得到，P_r 约为 -60 dBm。

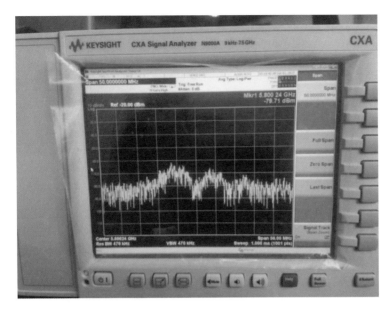

图 7-17　频谱分析仪测量残余功率

第八章 基于 CCFD 系统的物理层安全方案

8.1 基于 CCFD 实现的无线通信系统物理层安全

8.1.1 背景知识

由于无线媒介的广播特性,无线通信本质上是不安全的。当窃听方位于发送节点的覆盖区域内,无线通信会话便会被窃取。传统通信系统采用上层加密算法防止合法用户之间的会话被窃听,但在超级计算机无论是算力还是计算量都在飞速发展的今天,依靠增加计算量来获得信息安全的加密机制的风险越来越高。而物理层安全从信息论的角度出发,利用无线信道的物理特性来保证无线传输的安全性,可以完全消除窃听的隐患。1975年,Wyner 在参考文献[1]中引入了物理层安全的基本框架,并提出保密容量这一概念。这个问题涉及如下三个节点:发送端

（Alice）、合法接收端（Bob）和窃听者（Eve），其中 Alice 希望在 Eve 无法译码的情况下与 Bob 进行通信。文章证明，只要 Bob 的信道比 Eve 更好，便可以在没有任何密钥的情况下实现绝对的保密通信。保密容量被定义为在 Eve 无法获取传输信息的情况下，Alice 到 Bob 可实现的最大传输速率。随后，物理层安全不断被应用于更多场景，近年来取得了长足的进步。

人工噪声辅助安全是当前物理层安全中的一项重要研究，早期出现于参考文献[2]中。该方案通过多个发射天线或合作节点生成 AN，并注入 Bob 的 MIMO 信道的零子空间中，从而在不影响 Bob 信道的情况下削弱 Eve 的信道。

然而，该方案存在以下问题。

（1）发送端需要 Bob 的 CSI，向发射机反馈 CSI 将占用一定的信道资源。

（2）如果发射机获取 Bob 的 CSI 存在偏差，则 AN 很可能被泄漏给 Bob，从而降低其 SINR。当 Eve 试图扮演 Bob 并将自己的 CSI 反馈给 Alice 时，该问题将更加严重。

（3）如果存在多个串通的 Eve，或者 Eve 有很多根天线且天线数量超过了 Alice 的天线数量，则 Eve 可以在已知自己的 CSI 的情况下计算并消除 AN。

8.1.2　基于 CCFD 的物理层安全实现方案

为克服上述问题，现介绍一种基于 CCFD 实现的新型人工噪声辅助安全方案。与在发送端添加 AN 的传统方式不同，该方案中 AN 由合法接收端 Bob 产生[3]，如图 8-1 所示。Bob 具有全双工的功能，它可在接收 Alice 信号的同时发送 AN 以削弱窃听者的信道，同时该 AN 对于 Bob 是已知的，因此将被消除。

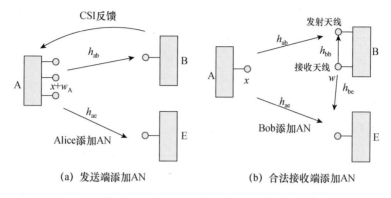

（a）发送端添加AN   （b）合法接收端添加AN

图 8-1　基于 CCFD 实现的新型人工噪声辅助安全方案

该方案具有以下优点。

（1）Alice 不需要 CSI，无须反馈信道，从而节省了带宽资源，传统方案中 CSI 的不精确导致 AN 被泄露这一问题也得以解决，系统鲁棒性提高。

（2）AN 既可以由多天线产生，也可以由单天线产生，与现有的必须采用多天线发射机的方案相比更具有普适性。

（3）该方案无须假设 Eve 的天线数小于 Bob，即使 Eve 的天线是多天线或者存在多个串通的 Eve，由于他并不知道与 Bob 之间的 CSI，所以 AN 仍然很难被完全消除。

（4）该方案可与发射机波束赋形方案相结合，进一步提高保密能力。

（5）该方案尤其适用于接收机性能优于发射机的情况（如接收机为基站）。

（6）当 Eve 与 Bob 距离较近时，该方案效率更高。

具体方法介绍如下：

1. 系统模型

假设 Alice 为单发射天线，Bob 有一根接收天线和一根发射天线，Eve 具有单接收天线。Eve 的位置和信道状态对 Alice 未

知。如图 8-1（b）所示，Bob 在发送 AN 的同时从 Alice 接收所需的信号。离散时间系统模型构造如下

$$z(k) = h_{ab}x(k) + h_{bb}w(k) + n(k), \tag{8-1}$$

$$y(k) = h_{ae}x(k) + h_{be}w(k) + e(k), \tag{8-2}$$

其中，$x(k)$ 为发射信号，功率为 P_A，$w(k)$ 为 Bob 发射的 AN 功率记为 P_B，$z(k)$ 和 $y(k)$ 分别代表 Bob 和 Eve 的接收信号，h_{ab}，h_{ae} 和 h_{be} 分别为 Alice 和 Bob、Alice 和 Eve、Bob 和 Eve 之间的信道，h_{bb} 为 Bob 的发射天线到接收天线之间的自干扰信道。$n(k)$，$e(k)$ 分别是方差为 σ_b^2 和 σ_e^2 的高斯白噪声。全双工节点 Bob 通过天线、模拟和数字域的联合自干扰消除，可近似实现自干扰信号的完全重构，并将其从接收信号中移除，最终，Bob 的接收信号可表示为

$$z'(k) = z(k) - h_{bb}w(k) = h_{ab}x(k) + n(k) \tag{8-3}$$

根据物理层安全理论，该系统保密容量为

$$C = (\log_2(1 + \gamma_B) - \log_2(1 + \gamma_E))^+ \tag{8-4}$$

其中，$\gamma_B = \dfrac{|h_{ab}|^2 P_A}{\sigma_b^2}$，$\gamma_E = \dfrac{|h_{ae}|^2 P_A}{\sigma_e^2 + |h_{be}|^2 P_B}$，$x^+ = \max(x, 0)$。

2. 性能分析

因为 Eve 的 CSI 未知，无法直接计算保密容量。为此，引入了 OSR 的概念，其定义如下：对于已给定传输速率 R 和中断概率 ε，(R, ε)-OSR 代表保密容量低于 R 的概率小于等于 ε 的区域，其数学表达式为

$$R_s = \{\theta_e \mid p_{out}(R) \leqslant \varepsilon\} \tag{8-5}$$

其中，$p_{out}(R) := \Pr(C_s < R)$，将 Alice 选为坐标系的原点，$\theta_e$ 表示 Eve 相对于 Alice 的地理坐标向量。

考虑到路径损耗分量，有 $|h_{ab}|^2 = \lambda d_{ab}^{-k} t_{ab}$，$|h_{ae}|^2 = \lambda d_{ae}^{-k} t_{ae}$ 以及 $|h_{be}|^2 = \lambda d_{be}^{-k} t_{be}$，其中 t_{ab}，t_{ae} 和 t_{be} 是单位功率的独立指数

分布随机变量, λ 是一个常数,它取决于信号和系统参数。由于 R 为正数,因此通过式(8-4)、(8-5)得, $p_{\text{out}}(R)$ 可以表示为

$$p_{\text{out}}(R) = 1 - \Pr\left\{\log_2\left(\frac{1 + \alpha_{\text{ab}} t_{\text{ab}}}{1 + \dfrac{\alpha_{\text{ae}} t_{\text{ae}}}{1 + \alpha_{\text{be}} t_{\text{be}}}}\right) \geqslant R\right\} \qquad (8\text{-}6)$$

其中, $\alpha_{\text{ab}} = \lambda P_A d_{\text{ab}}^{-k}/\sigma_{\text{b}}^2$, $\alpha_{\text{ae}} = \lambda P_A d_{\text{ae}}^{-k}/\sigma_{\text{e}}^2$, $\alpha_{\text{be}} = \lambda P_A d_{\text{be}}^{-k}/\sigma_{\text{e}}^2$。 由于 $t_{\text{ab}}, t_{\text{ae}}$ 和 t_{be} 相互独立,它们的联合概率密度为 $\exp(-t_{\text{ae}} - t_{\text{be}} - t_{\text{ab}})$,因此有

$$p_{\text{out}}(R) = 1 - \iiint_D \exp(-t_{\text{ae}} - t_{\text{be}} - t_{\text{ab}}) \, \mathrm{d}t_{\text{ae}} \, \mathrm{d}t_{\text{be}} \, \mathrm{d}t_{\text{ab}} \qquad (8\text{-}7)$$

其中, $D = \{(t_{\text{ae}}, t_{\text{be}}, t_{\text{ab}}) \mid t_{\text{ae}} \geqslant 0, t_{\text{be}} \geqslant 0, t_{\text{ab}} \geqslant T\}$, $T = \dfrac{2^R}{\alpha_{\text{ab}}}\left(1 + \dfrac{\alpha_{\text{ae}} t_{\text{ae}}}{1 + \alpha_{\text{be}} t_{\text{be}}}\right) - \dfrac{1}{\alpha_{\text{ab}}} \geqslant 0$。

计算上述积分值,最终可得:

$$p_{\text{out}}(R) = 1 - \exp\left(\frac{2^R}{\alpha_{\text{ab}}} + \frac{1}{\alpha_{\text{ab}}}\right)$$

$$\times \left(1 + \exp\left(\frac{2^R \dfrac{\alpha_{\text{ae}}}{\alpha_{\text{ab}}} + 1}{\alpha_{\text{be}}}\right) Ei\left(-\frac{2^R \dfrac{\alpha_{\text{ae}}}{\alpha_{\text{ab}}} + 1}{\alpha_{\text{be}}}\right)\frac{2^R \alpha_{\text{ae}}}{\alpha_{\text{ab}} \alpha_{\text{be}}}\right)$$

$$(8\text{-}8)$$

其中, $Ei(x)$ 为指数积分 $\displaystyle\int_{-\infty}^{x}(e^t/t)\mathrm{d}t$。 使用上述表达式,可以通过求解满足式(8-5)的 Eve 的坐标得到 (R, ε)-OSR。

3. 仿真结果

为评估上述方案的保密容量性能,考虑在以下场景进行仿真:将 Alice 坐标设为 $(0,0)$,Bob 坐标为 $(1,0)$,信道带宽设置为 5 MHz。Alice 的发射功率是 1 W,Bob 的最大发射功率为 10 W,

噪声功率谱密度为 -180 dBm/Hz，路径传输损耗为 $128.1+36.7\log_{10}d$ （dB），在仿真中，Eve 为单天线，Bob 采用单发单收天线，所有信道均满足瑞利分布。

如图 8-2 展示了当传输速率 $R=1.5\times10^{3}$ bit/s 时，中断概率 ε 不同取值下的 OSR。结果表明，高中断概率对应的 OSR 在 Alice 周围，因此 Alice 周围的区域大概率是不安全的，而 Bob 周围的区域很可能是安全的，也就是说，该区域具有非常低的中断概率 ε。这意味着 Eve 必须离 Alice 非常近才能成功窃听。

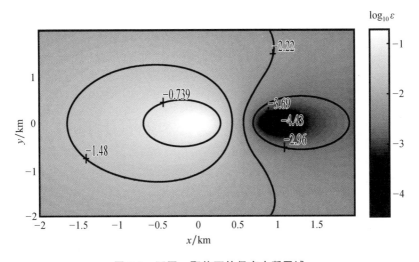

图 8-2　不同 ε 取值下的保密中断区域

图 8-3 显示了当 Eve 在 $y=0.5$ 的位置上移动时，在不同的 AN 功率 P_B 下，中断概率与 x 值的关系。可以看到，中断概率随着 P_B 的增大而减小。此外，它还随着 Eve 与 Alice 的靠近而增大，并随着 Eve 靠近 Bob 而减小。

上述仿真结果表明，基于 CCFD 技术，使目标接收节点 Bob 可以在接收信号的同时发送 AN 干扰窃听者，可在实际环境中实

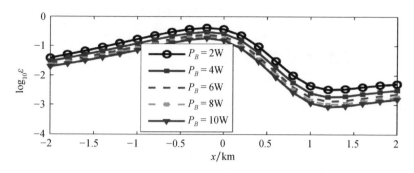

图 8-3　Eve 在 $y=0.5$ 位置移动时中断概率与 x 值的关系

现较高的安全性,特别是当窃听者的位置靠近目标接收节点时。此外,该方案易于与其他现有物理层安全技术相结合,实现保密能力进一步提高。

8.2　基于 CCFD 的有线通信系统物理层安全

8.2.1　有线通信系统物理层安全设计

基于 Wyner 的保密容量概念可知,只要保证合法接收端 Bob 的 SINR 始终高于窃听者 Eve 的 SINR,使系统的保密容量大于 0,那么就能实现绝对安全的保密通信。在无线通信系统中,由于无法保证在任何位置 Eve 的 SNR 都低于 Bob,因此无法保证通信的绝对安全。因此,本节介绍一种在有线通信系统中实现物理层安全的方案[4],系统结构如图 8-4 所示。

图 8-4 中 Alice 希望通过长度为 L 的导线向 Bob 发送信号 $s(t)$,Eve 在导线的 x 处进行窃听,有 $0 \leqslant x \leqslant L$。该系统与传统通信系统的不同之处在于,在 Bob 的接收机前端分别加进了一个 AN 发生器和一个自干扰消除器,前者用于向线路中释放 AN 以

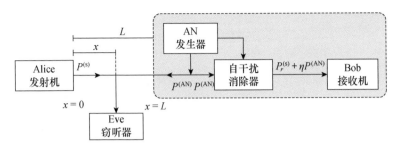

图 8-4　有线通信系统物理层安全结构

干扰 Eve,后者用来消除 Bob 的接收机中混入的 AN,使 Bob 顺利接收目标信号 $s(t)$。

8.2.2　窃听者单点、单时刻检测

本节假设 Eve 的窃听是单点进行检测的窃听行为,而不会在导线的多个位置同时窃听。

1. 性能分析

假设 AN 满足高斯分布,它在图 8-4 中朝左右两个方向发送的功率均为 $P^{(AN)}$ 的人工噪声,同时设定的 Alice 发射功率为 $P^{(s)}$。信号功率在有线媒质中的传播遵循指数规律的衰减特性

$$-10\log\frac{P^{(\alpha)}(l_2)}{P^{(\alpha)}(l_1)}=\beta_s(l_2-l_1) \tag{8-9}$$

其中 $P^{(\alpha)}(l_2)$ 和 $P^{(\alpha)}(l_1)$ 分别代表电磁波信号在导线的 l_2 和 l_1 位置的功率,β_s 代表导线单位长度的衰减,这一数值由导线的材质和结构决定,单位是 dB/m,一般导线的特性是每 100 m 衰减 $2\sim5$ dB。

在 Bob 端自干扰消除器会将通信链路中 AN 的功率由 $P^{(AN)}$ 消除到 $\beta P^{(AN)}$,β 称为自干扰残余因子,有 $0\leqslant\beta\ll1$,例如,如果自干扰消除能力为 40 dB,则 $\beta=10^{-4}$。根据香农公式,Bob 端的保

密容量为

$$C_{\text{Bob}} = \log_2\left(1 + \frac{P^{(s)}(L)}{\beta P^{(AN)}(0) + n_0}\right) \qquad (8\text{-}10)$$

其中,$P^{(s)}(L)$ 代表信号 $s(t)$ 从 Alice 在导线中传输距离 L 到达 Bob 的功率,$P^{(AN)}(0)$ 代表 AN 经过 0 m 的衰减后的功率,n_0 代表接收机热噪声。

Eve 在离 Alice 距离为 x 米的位置进行窃听,它获取的保密容量为

$$C_{\text{Eve}} = \log_2\left(1 + \frac{P^{(s)}(x)}{P^{(AN)}(L-x) + n_0}\right) \qquad (8\text{-}11)$$

则,信号从 Alice 传到 Bob 的保密容量为

$$C_s = C_{\text{Bob}} - C_{\text{Eve}}(x)$$
$$= \log_2\left(1 + \frac{P^{(s)}(L)}{\beta P^{(AN)}(0) + n_0}\right) - \log_2\left(1 + \frac{P^{(s)}(x)}{P^{(AN)}(L-x) + n_0}\right)$$
$$(8\text{-}12)$$

将式(8-9)描述的信号功率衰减随距离变化的函数代入式(8-12)得到

$$C_s(x) = C_{\text{Bob}} - C_{\text{Eve}}(x)$$
$$= \log_2\left(1 + \frac{P^{(s)}10^{-\frac{\beta_s L}{10}}}{\beta P^{(AN)}(0) + n_0}\right) - \log_2\left(1 + \frac{P^{(s)}10^{-\frac{\beta_s x}{10}}}{P^{(AN)}10^{-\frac{\beta_s(L-x)}{10}} + n_0}\right)$$
$$(8\text{-}13)$$

对于 Eve 而言,最佳窃听位置在最接近 Alice 的地方(即 $x=0$),此处目标信号的衰减最少,而 AN 的衰减最强,由此可得,Eve 保密容量的上界为

$$C_{\text{Eve}}^{(\text{up})} = \log_2\left(1 + \frac{P^{(s)}(0)}{P^{(AN)}(L) + n_0}\right) = \log_2\left(1 + \frac{P^{(s)}}{P^{(AN)}10^{-\frac{\beta_s L}{10}} + n_0}\right)$$
$$(8\text{-}14)$$

其中,$P^{(s)}(0)$代表 Eve 窃听到的目标信号在 $x=0$ 位置的功率,$P^{(AN)}(L)$表示 Eve 在 $x=0$ 的位置收到的 AN 的功率。

为使整个导线的范围内实现安全通信,它需要满足下面的条件

$$C_s(x) = C_{Bob} - C_{Eve}(x) > 0, 0 \leqslant x \leqslant L \qquad (8\text{-}15)$$

由于 $C_{Eve}(x)$ 的最大值为 $C_{Eve}^{(up)}$,则上式等效于让 $C_{Bob} - C_{Eve}^{(up)}$ >0 即可以实现绝对安全通信。令式(8-13)中的 $x=0$,得到安全通信的保密容量为

$$
\begin{aligned}
C_s &= \left[C_{Bob} - C_{Eve}^{(up)} \right]^+ \\
&= \left[\log_2\left(1 + \frac{P^{(s)} 10^{-\frac{\beta_s L}{10}}}{\beta P^{(AN)} + n_0}\right) - \log_2\left(1 + \frac{P^{(s)}}{P^{(AN)} 10^{-\frac{\beta_s L}{10}} + n_0}\right) \right]^+
\end{aligned}
$$

$$(8\text{-}16)$$

令 $C_s > 0$ 并忽略 n_0,有

$$-10\log_{10}\beta > 2\beta_s L \qquad (8\text{-}17)$$

式(8-17)反映了有线通信系统中实现物理层安全通信必须满足的条件,即自干扰消除器的自干扰消除能力必须大于导线总衰减值的 2 倍。

2. 保密容量仿真

由上述性能分析可知,系统的保密容量与导线长度、导线衰减特性和自干扰消除能力这三个因素均有关,本小节通过仿真研究它们之间的关系,仿真参数设置如下:信源功率为 0.01W,AN 功率为 0.1W,信号带宽为 1MHz,噪声功率谱密度为 −160 dBm/Hz,选取型号为 SYV75-9 的同轴线与型号为 CAT5 的双绞线作为传输媒质,同轴线衰减因子为 0.0227 dB/m,双绞线衰减因子为 0.01487 dB/m。

图 8-5 显示了不同自干扰消除能力分别在同轴线和双绞线中实现安全通信能支持的导线长度。可以看出,自干扰消除能力越强,能支持的导线长度越长;同时,相同的自干扰消除能力能够支持双绞线比同轴线实现更长距离的安全通信,这是因为双绞线的衰减因子小于同轴线的衰减因子。

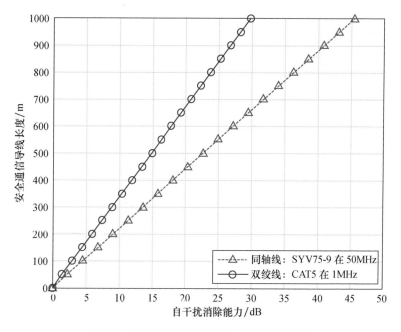

图 8-5　不同自干扰消除能力支持的导线长度

图 8-6 为 Eve 在导线的不同位置窃听时,Bob 能获得的保密容量。可以看出,当 Eve 窃听的位置离 Alice 越远,Bob 能获得的保密容量越大。这是因为当 Eve 离 Alice 越远时,$s(t)$ 的功率越弱,而 AN 的功率越来越强,导致 Eve 的信干噪比下降,与 Alice 之间的信道容量随之降低。在 Bob 与 Alice 之间的信道容量不变的情况下,系统保密容量提高。从图 8-6 中还可以看出,两函数的

变化趋势在窃听点超过 500 m 后都由上升状态变成接道水平状态,这是由于 Eve 的信道容量在此位置变为 0,因此 500 m 以上的保密容量主要由 Bob 的自干扰消除能力决定。

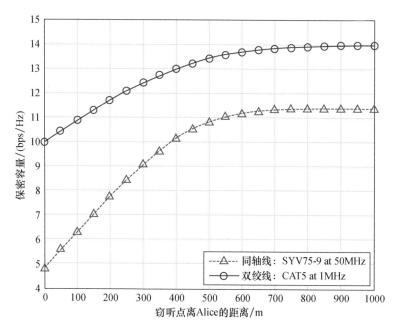

图 8-6　**Eve 在导线的不同位置窃听时,Bob 获得的保密容量**

8.2.3　保密电话信号分析

将上节描述的物理层安全方案用于改造传统电话通信,使之成为一个物理层安全保密电话。为此,主要分析 Bob 释放的 AN 与 Alice 通信信号的叠加,以及在这种情况下,Eve 窃听的信干噪比,据此得到更加精确的设计门限。

从图 8-4 可以看出,AN 从信号接收端 Bob 发出,而通信信号从 Alice 发出,Eve 的窃听点位于 Alice 与 Bob 之间的位置。在

Eve 点观察,可以发现两个传播方向相反的电磁混合信号,一个是 AN,另一个是通信信号,Eve 在 x 点处接收电磁混合信号为

$$r_{\text{Eve}}(t) = \sqrt{\alpha(x)}\, s\left(t - \frac{x}{C}\right) + \sqrt{\alpha(L-x)}\, n_a\left(t - \frac{L-x}{C}\right) + n(x,t)$$

$$(8\text{-}18)$$

其中,$n_a(t)$ 和 $s(t)$ 分别为 AN 和通信信号,$\alpha(x)$ 表示功率随距离的衰减,L 是通信线的长度,C 是光速,$n(x,t)$ 是方差为 σ_n^2 的热噪声。这里假设 AN 与 Alice 的通信信号具有相同的长度,AN 服从方差为 σ_a^2 的高斯分布。

Bob 在消除 AN 后,接收信号为

$$r_{\text{Bob}}(t) = \sqrt{\alpha(L)}\, s\left(t - \frac{L}{C}\right) + \sqrt{\beta}\, n_a(t) + n(L,t) \quad (8\text{-}19)$$

其中,β 代表 AN 功率消除因子,$\sqrt{\beta}\, n_a(t)$ 代表残余 AN 的幅值。

假设:Eve 在 x 点对 Alice 的一个完整的通信信号连续均匀采样了 M 次。一般而言,通信信号与 AN 是非同步的,所以这些采样点将包含两个紧密连接的 AN 信号。采用方波波形描述上述信号在时域的形状,则 Eve 提高窃听的信干噪比方法是将这些采样点实施线性叠加。不失一般性,假设:Alice 的通信信号为 $s(0)$,它的前 m_1 个采样点与 AN 的一个信号在时域上重合,而后 $(M-m_1)$ 个采样点与另一个 AN 信号重合,则 Eve 实施的叠加结果可以表示为:

$$\hat{r}_{\text{Eve}}^{(M)}(t) = M\sqrt{\alpha(x)}\, s(0)$$
$$+ \sqrt{\alpha(L-x)}\left[m_1 n_a(0) + m_2 n_a\left(\frac{m_1 T}{M}\right)\right] + n'(t)$$

$$(8\text{-}20)$$

其中 $\hat{r}_{\text{Eve}}^{(M)}(t)$ 是采样点叠加的结果,$n'(t)$ 是噪声采样叠加的结果,并有 $m_1 + m_2 = M$。

由(8-20)可以推导出 Eve 接收的功率为

$$P \triangleq \mathbb{E}\left[\left|\hat{r}_{\text{Eve}}^{(M)}\right|^2\right] = M^2 \alpha(x) P_s + (m_1^2 + m_2^2)\alpha(L-x)\sigma_a^2 + M\sigma_n^2 \tag{8-21}$$

其中,P_s 为信号功率。根据式(8-21)可以推导出

$$\eta_{\text{Eve}}(x) = \frac{M^2 \alpha(x) P_s}{(m_1^2 + m_2^2)\alpha(L-x)\sigma_a^2 + M\sigma_n^2} \tag{8-22}$$

其中 $\eta_{\text{Eve}}(x)$ 为 x 处的窃听信干噪比。

由 $m_1 + m_2 = M$ 可以简单推导出:当 $m_1 = m_2 = M/2$ 时,式(8-22)达到极大值,即:窃听取得最佳窃听效果。而当 $m_1 = M$,$m_2 = 0$ 或 $m_1 = 0, m_2 = M$ 时,窃听的信干噪比最小。

令 $M \to \infty$,即 Eve 采用积分的方法获得接收信号的能量,根据式(8-22)可得到最大信干噪比为

$$\eta_{\text{Eve}}^{\max} = \frac{2P_s}{\alpha(L)\sigma_a^2} \tag{8-23}$$

其中,$\eta_{\text{Eve}}^{\max}$ 为 Eve 线路上可获得的最大信干噪比。

此时,Bob 的信干噪比为

$$\eta_{\text{Bob}} = \frac{\alpha(L)P_s}{\beta\sigma_a^2 + \sigma_n^2} \tag{8-24}$$

这个系统可以实现物理层安全的条件如下

$$\eta_{\text{Bob}} > \eta_{\text{Eve}}^{\max} \tag{8-25}$$

和

$$\sigma_a^2 > \frac{2}{\alpha^2(L) - 2\beta}\sigma_n^2 \tag{8-26}$$

参照上面的结果,我们可以设计出,具有不同导线功率衰减和不同导线长度的物理层安全系统中,至少需要发射的 AN 功率,以及至少需要达到的 AN 消除能力。因此,上面的推导结果给出了物理层安全保密电话的一个设计标准。

8.2.4 有线保密电话原型机

根据图 8-4 的有线通信系统物理层安全结构和上节推导的设计标准,我们设计并制造了一个双向通信的物理层安全保密电话系统,使得窃听者无法窃取通话双方发送和接收的内容。

首先,介绍传统电话的通信方式,传统电话采用两根导线连接两个电话机,而双向通信是用一根导线连接两个电话机,而另一根导线为不携带任何信息的地线。因此,它实际上是在一根导线上实现的双向通信。其原因是,传统电话已经装备了性能良好的双工器,它可以在一个电话处消除发射信号对其接收信号的干扰。

其次,实现物理层安全保密电话时,只需将 AN 加入通信线路,以干扰 Eve 在线路上的窃听。为此,系统在传统电话的信号传输线上设置了两个频点,分别为 200 kHz 和 400 kHz,各自带宽皆为 30 kHz。该做法是在传统电话线上划分出两个频点的通信信道。

再者,选择两个滤波器,隔离这两个信道之间的干扰。据此,每一个频点的通信信道可以形成如图 8-4 描述的物理层安全问题。

最后,系统在每个通信信道上利用传统电话的双工器(即:二/四线转换器)消除 AN 的干扰,保密电话设计原理如图 8-7 所示。

在每一个频点的通信信道中,Alice 发出的话音信号首先经过中继接口模块进行处理,然后通过 A/D 芯片(AD9226)将话音信号转化为数字信号,传输给 FPGA 进行处理,数字处理器芯片外观及参数分别如图 8-8 和表 8-1 所示;FPGA 会生产作为 AN 的伪随机序列,并将其上变频到这个频点处,同时将基带话音信

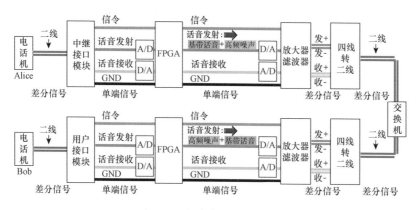

图 8-7　保密电话设计原理

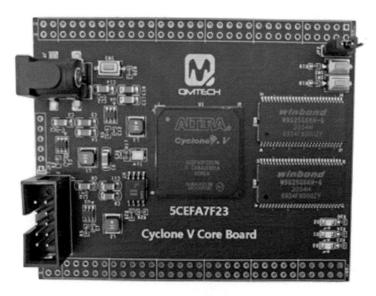

图 8-8　数字处理器芯片

号也变频到同一个频点,然后将接收信号和 AN 的功率按比例叠加,叠加后的信号经过 D/A 芯片(AD9767)转换为模拟信号,并通过硬件上的放大器和滤波器将信号转换为差分信号,最后,通过二/四线转换电路将差分信号发送。每个通信信道中,话音信号发送到 Bob 端的过程中,差分信号同样经过 Bob 端的二/四线转换电路、放大器和滤波器将差分信号转换为单端信号;随后,经过 A/D 芯片采集并传输给 FPGA 进行处理;FPGA 会将接收到的话音信号进行低通滤波处理,去除叠加的高频噪声,并进行包络检波以恢复原始话音信号;恢复后的话音信号经过 D/A 芯片发送至用户接口模块,并最终到达 Bob 端。

表 8-1 数字处理芯片的参数

模块型号	A4 核心板	A5 核心板	A7 核心板	A9 核心板
FPGA 型号	5CEFA4F23	5CEFA5F23	5CEFA7F23	5CEFA9F23
逻辑单元	49	77	149.5	301
自适应逻辑模块	18480	29080	56480	113560
寄存器	73920	116320	225920	454240
18×18 乘法器	132	300	312	684
锁相环	4	6	7	8
可变数字信号处理模块	66	150	156	342
10 kbit 的内存块	3080	4460	6860	12200
内存逻辑阵列块	303	424	836	1717

我们研制出的物理层安全保密电话如图 8-9 所示,其中两个黑色电话机代表保密电话,白色电话机为测试中的 Eve 窃听器。实际测试结果表明,窃听器无法获取黑色电话机之间任何双向通信信息。

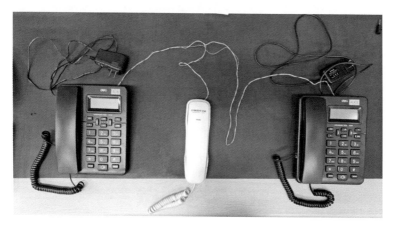

图 8-9 物理层安全保密电话

参 考 文 献

第一章

[1] Balston D M，Macario R C V. Cellular radio systems［M］. Norwood，MA：Artech House，1993.

[2] Goodman D J. Trends in cellular and cordless communications［J］. IEEE Communications Magazine，1991，29（6）：31-40.

[3] David C. Implementing full duplexing for 5G［M］. Norwood，MA：Artech House，2020.

[4] REED J，DE LORENZO J. Communication system utilizing frequency division multiplexing to link a plurality of stations each containing a switchable synthesizer：US19720250228［P］. 1974-05-07.

[5] Wilder H F. An improved 6-channel time division multiplex for submarine cable telegraphy［J］. Transactions of the

American Institute of Electrical Engineers，Part I：Communication and Electronics，1958，77(2)：217-222.

[6] Berg E. Data transmission network：US19700088068[P]. 1974-07-16.

[7] Fluhr Z，Nussbaum E. Switching Plan for a Cellular Mobile Telephone System[J]. IEEE Transactions on Communications，1973，21(11)：1281-1286.

[8] Gilhousen K S，et al. On the capacity of a cellular CDMA system[J]. IEEE Transactions on Vehicular Technology，1991，40(2)：303-312. DOI：10.1109/25.289411.

[9] Goodman D J. Trends in cellular and cordless communications[J]. IEEE Communications Magazine，1991，29(6)：31-40.

第二章

[1] Kenworthy G R. Self-cancelling full-duplex RF communication system：ZL19970786197[P]. 1997-01-21.

[2] 焦秉立,李建业. 一种适用于同频同时隙双工的干扰消除方法:ZL200610113248.4[P]. 2006-09-08.

[3] Khandani A K. Methods for spatial multiplexing of wireless two-way channels：US 7,817,641[P]. 2006-10-17.

[4] Jung I C，et al. Achieving single channel，full duplex wireless communication[C]//The 16th Annual International Conference on Mobile Computing and Networking（MobiCom 2010）. 2010：1-12.

[5] Mayank J，et al. Practical，real-time，full duplex wireless [C]//The 17th Annual International Conference on Mobile

Computing and Networking (MobiCom 2011). 2011: 301-312.

[6] Bharadia D, McMilin E, Katti S. Full duplex radios[C]// Proceedings of the ACM SIGCOMM 2013 conference on SIG-COMM. 2013: 375-386.

[7] 魏来. 有限码长理论及其在若干场景下的应用研究[D/OL]. 北京:北京大学, 2023 [2023-08-30]. https://thesis. lib. pku. edu. cn/docinfo. action.

[8] Polyanskiy Y, Poor H V, Verdu S. Channel coding rate in the finite blocklength regime[J]. IEEE Transactions on Information Theory, 2010, 56(5): 2307-2359.

[9] Shannon C E. A mathematical theory of communication[J]. The Bell System Technical Journal, 1948, 27(3): 379-423.

第三章

[1] Abeta S, Sampei S, Morinaga N. DS/CDMA coherent detection system with a suppressed pilot channel[C]//1994 IEEE GLOBECOM. 1994: 1622-1626.

[2] Poor H V, Verdu S. Single-user detector for Multiuser Channels[J]. IEEE Transactions on Communications, 1988, 36(1): 50-60.

[3] 郑东升. 非正交系统中的高精度干扰信道估计及其应用[D/OL]. 北京:北京大学, 2023 [2023-09-01]. https://thesis. lib. pku. edu. cn/docinfo. action.

[4] Liu H, Xu G. Multiuser blind channel estimation and spatial channel pre-equalization[C]//1995 International Conference on Acoustics, Speech, and Signal Processing. 1995: 1756-1759.

[5] Crochiere R E, Rabiner L R, Shively R R. A novel implementation of digital phase shifters[J]. The Bell System Technical Journal, 1975, 54(8): 1497-1502.

[6] Li C, Zhao H, Wu F, Tang Y. Digital self-interference cancellation with variable fractional delay FIR filter for full-duplex radios[J]. IEEE Communications Letters, 2018, 22 (5): 1082-1085.

[7] Zhou Z, Lin L, Jiao B. Auxiliary factor method to remove ISI of Nyquist filters[J]. IEEE Communications Letters, 2023, 27(2): 676-680.

[8] Liu S, Lin L, Ma M, Jiao B. Improved fractional delay method for canceling the self-interference of full duplex[J]. IEEE Transactions on Vehicular Technology, 2023, 72(2): 2599-2603.

[9] Kim D, Lee H, Hong D. A survey of in-band full-duplex transmission: From the perspective of PHY and MAC layers [J]. IEEE Communications Surveys & Tutorials, 2015, 17 (4): 2017-2046.

[10] Rogozhnikov E V, Koldomov A S, Vorobyov V A. Full duplex wireless communication system analog cancellation: Review of methods and experimental research[C]//International Siberian Conference on Control and Communications (SIBCON). 2016: 1-5.

[11] Zhang L, Ma M, Jiao B. Design and implementation of adaptive multi-tap analog Interference canceller[J]. IEEE Transactions on Wireless Communications, 2019, 18(3): 1698-1706.

[12] Khandani A K. Methods for spatial multiplexing of wireless two-way channels：US 7，817，641[P]. 2010-10-19.

[13] Sun L，Li Y，Zhang Z，Feng Z. Compact co-horizontally polarized full-duplex antenna with omnidirectional patterns [J]. IEEE Antennas and Wireless Propagation Letters，2019，18(6)：1154-1158.

[14] He Y，Li Y. Compact co-linearly polarized microstrip antenna with fence-strip resonator loading for in-band full-duplex systems[J]. IEEE Transactions on Antennas and Propagation，2021，69(11)：7125-7133.

第四章

[1] 3GPP. New SI：Study on Evolution of NR Duplex Operation：document RP-213591[OL]. 2021[2023-03-21]. https：//portal. 3gpp. org/ngppapp/CreateTdoc. aspx？mode＝view&contributionId＝1284745.

[2] 3GPP. Study on Potential Enhancements on Dynamic/Flexible TDD：document R1-2204531[OL]. 2022[2023-03-21]. https：//portal. 3gpp. org/ngppapp/CreateTdoc. aspx？mode＝view&contributionId＝1323361.

[3] 3GPP. Dynamic TDD Enhancements：document R1-2204432 [OL]. 2022[2023-03-21]. https：//portal. 3gpp. org/ngppapp/CreateTdoc. aspx？mode＝view&contributionId＝1323221.

[4] Feng C，Cui H，Ma M，Jiao B. A high spectral efficiency system enabled by free window with full duplex[J]. China Communications，2015，12(9)：93-99.

[5] Zhang J，Ma M，Ma J，Zou M，Jiao B. Residual self-inter-

ference suppression guided resource allocation for full-duplex orthogonal frequency division multiple access system[J]. IET Communications，2020，14(1)：47-53.

[6] Zhang R，Ma M，Li D，Jiao B. Investigation on DL and UL power control in full-duplex systems[C]// 2015 IEEE International Conference on Communications (ICC). 2015.

第五章

[1] Ji M，Caire G，Molisch A F. Wireless device-to-device caching networks：Basic principles and system performance[J]. IEEE Journal on Selected Areas in Communications，2016，34(1):176-189.

[2] Wang L，Wu H，Han Z. Wireless distributed storage in socially enabled D2D communications[J]. IEEE Access，2017，4：1971-1984.

[3] Ji M，Giuseppe C and Andreas F M. Wireless device-to-device caching networks：Basic principles and system performance[J]. lEEE Journal on Selected Areas in Communications，2016，34(1)：176-189.

[4] Zhou H，Wang H，Li X，et al. A survey on mobile data offloading technologies[J]. IEEE Access，2018，6：5101-5111.

[5] Wang L，Wu H，Han Z. Wireless distributed storage in socially enabled D2D communications[J]. IEEE Access，2016，4：1971-1984.

[6] Wang L，Tian F，Svensson T，Feng D，Song M，Li S. Exploiting full duplex for device-to-device communications in heterogeneous networks[J]. IEEE Communications Maga-

zine，2015，53（5）：146-152.

[7] Sun G，Wu F，Gao X，Chen G，Wang W. Time-efficient protocols for neighbor discovery in wireless ad hoc networks [J]. IEEE Transactions on Vehicular Technology，2013，62 （6）：2780-2791.

[8] Chen Y，Wang L，Ma R，Jiao B，Hanzo L. Cooperative full duplex content sensing and delivery improves the offloading probability of D2D caching[J]. IEEE Access，2019 7：29076-29084.

第六章

[1] Donald V H M. Advanced mobile phone service：The cellular concept[J]. The Bell System Technical Journal，1979，58 （1）：15-41.

[2] Li R，Chen Y，Li G Y，Liu G. Full-duplex cellular networks [J]. IEEE Communications Magazine，2017，55（4）：184-191.

[3] Ma M，et al. A prototype of co-frequency co-time full duplex networking[J]. IEEE Wireless Communications，2020，27 （1）：132-139.

[4] Bai J，Sabharwal A. Asymptotic analysis of MIMO multi-cell full-duplex networks[J]. IEEE Transactions on Wireless Communications，2017，16（4）：2168-2180.

[5] Ngo H Q，Ashikhmin A，Yang H，Larsson E G，Marzetta T L. Cell-free massive MIMO versus small cells[J]. IEEE Transactions on Wireless Communications，2017，16（3）：1834-1850.

[6] Wang D, Wang M, Zhu P, Li J, Wang J, You X. Performance of network-assisted full-duplex for cell-free massive MIMO[J]. IEEE Transactions on Communications, 2020, 68 (3): 1464-1478.

[7] Simeone O, Erkip E, Shamai S. Full-duplex cloud radio access networks: An information-theoretic viewpoint[J]. IEEE Wireless Communications Letters, 2014, 3(4): 413-416.

第七章

[1] Arthur C C. Letters to the editor: peacetime uses for V2[J]. Wireless World, February 1945: 58.

[2] David B. The rocket[M]. London: New Cavendish Books, 1978: 17.

[3] Thompson P T, Thompson J D, Grey D. 50 years of civilian satellite communications: from imagination to reality[C]// International Conference on 100 Years of Radio, 1995: 5-7.

[4] Jamalipour A. Low earth orbital satellites for personal communication networks [M]. Norwood, MA: Artech House, 1997.

[5] Lutz E, Werner M, Jahn A. Satellite systems for personal and broadband communication[M]. Berlin: Springer, 2000.

[6] Chotikapong Y, Cruickshank H, Sun Z L. Evaluation of TCP and Internet traffic via low Earth orbit satellites[J]. IEEE Personal Communications, June 2001, 8(3): 28-34.

[7] Akyildiz I F, Jeong S H. Satellite ATM networks: a survey [J]. IEEE Communications Magazine, July 1997, 35(7): 30-43.

[8] Evans B，Werner M，Lutz E，et al. Integration of satellite and terrestrial systems in future multimedia communications [J]. IEEE Wireless Communications，Oct. 2005，12(5)：72-80.

[9] Rappaport T S. Wireless Communications：Principles and Practice：Second Edition[M]. Upper Saddle River，NJ：Prentice Hall，2001.

[10] 焦秉立,王晨博,林立峰,一种适用于全双工卫星通信的星载装置:2022113919305[P]. 2022-11-08.

[11] 焦秉立,李文瑶. 一种全双工卫星通信自干扰的抑制方法：2022113428695[P]. 2022-10-31.

第八章

[1] Wyner A D. The wiretap channel[J]. The Bell System Technical Journal，1975，54：1355-1387.

[2] Goel S and Neg R. Guaranteeing secrecy using artificial noise [J]. IEEE Transactions on Wireless Communications，2008，7：2180-2189.

[3] Li W，Ghogho M，Chen B and Xiong C. Secure communication via sending artificial noise by the receiver：outage secrecy capacity/region analysis[J]. IEEE Communications Letters，October 2012，16(10)：1628-1631.

[4] Liu S，Ma M，Li Y，Chen Y and Jiao B. An absolute secure wire-line communication method against wiretapper [J]. IEEE Communications Letters，March 2017，21（3）：536-539.